U0132610

WHAT'S THE POINT OF MATHS

超級有用的數學原理

英國 DK 出版社　編著　安安　譯

超級有用的數學原理

編　　著：英國DK出版社
譯　　者：安　安
責任編輯：張宇程
出　　版：商務印書館（香港）有限公司
香港筲箕灣耀興道3號東滙廣場8樓
http://www.commercialpress.com.hk
發　　行：香港聯合書刊物流有限公司
香港新界荃灣德士古道220-248號荃灣工業中心16樓
印　　刷：敬業（東莞）印刷包裝廠有限公司
廣東省東莞市虎門鎮大寧管理區
版　　次：2021年9月第1版第1次印刷

ISBN 978 962 07 3460 1
Published in Hong Kong. Printed in China.

For the curious
www.dk.com

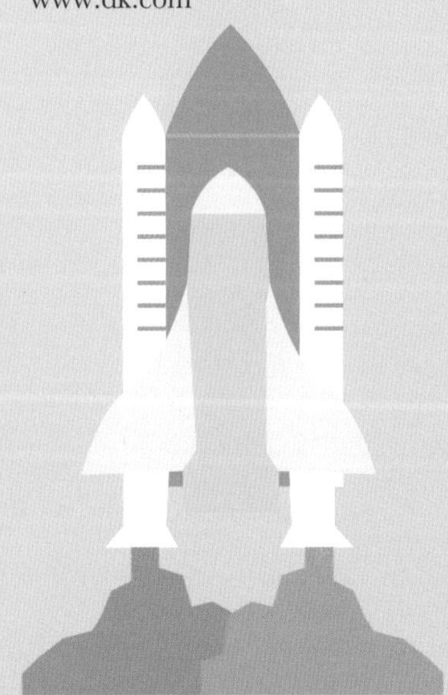

WHAT'S THE POINT OF MATHS

超級有用的數學原理

目錄

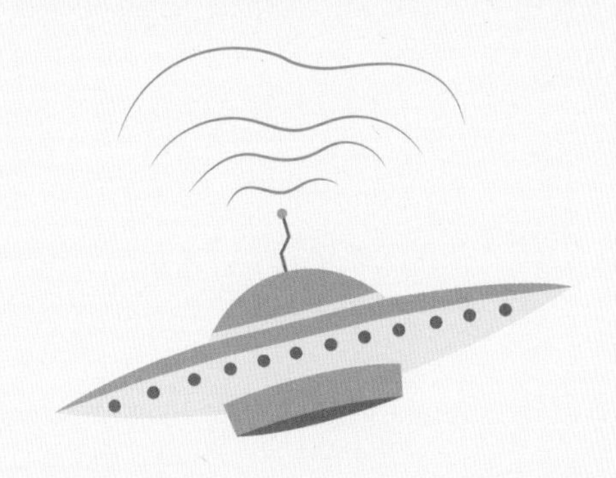

公元紀年以耶穌基督誕生的那一年為公曆元年，即「公元 1 年」。耶穌基督誕生的前一年則稱為「公元前 1 年」。

「公元前」是「公元元年以前」的縮寫。本書中如果年代前面有「公元前」字樣，那麼就代表公曆元年以前的年份，數字越大，代表年代越久遠。

如果不知道某件事發生的確切年代，則使用「約」表示年代是約數。

數學有甚麼用？

數學精彩的歷史可追溯至數千年以前。學習數學有助於我們了解人類歷史進程中思維的演變過程。從古至今，人類的發展和進步很大程度上歸功於我們在數學方面的技能和知識。

觀測時間

從早期人類按月亮的運行周期來計算天數，到如今每 2,000 萬年只有 1 秒誤差的原子鐘，數學與我們的生活密切相關。

導航

從在地圖上做標記，到全球定位系統使用的高科技三角定位法，數學一直在幫助人類進行導航。

種植農作物

從早期人類試圖預測水果何時成熟，到如今能夠確保農民從土地中獲得最大收益的現代數學分析方法，數學在農業生產中發揮了很大的作用。

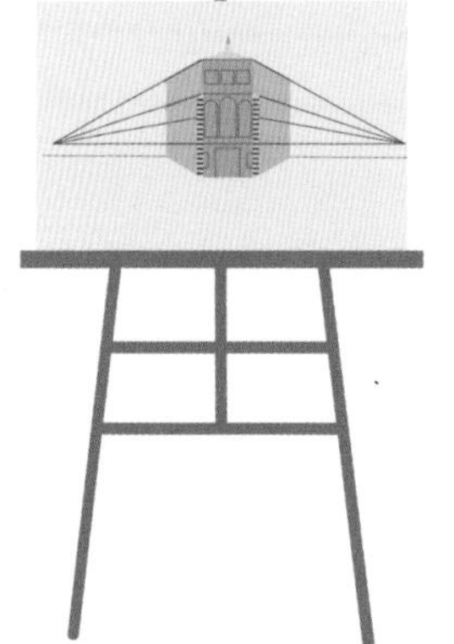

藝術創作

如何創作一幅比例完美的畫作或繪製一幅對稱的建築物設計圖呢？無論是運用古希臘人提出的黃金比例，還是繪製透視圖所需的精密計算，數學都可以提供答案。

製作音樂

數學和音樂似乎毫不相干，但是如果沒有數學，我們怎麼數拍子或創作節奏呢？當各種音符組合在一起形成和聲時，數學可以幫助我們分析甚麼聲音好聽，甚麼聲音不好聽。

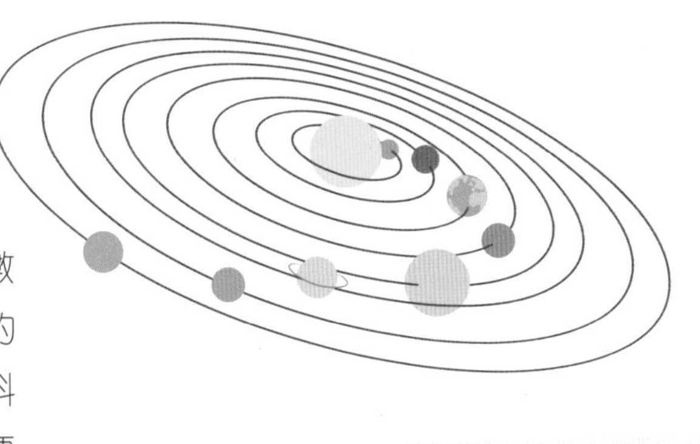

了解宇宙

從我們第一次望向夜空起，數學已幫助人類了解宇宙。我們的祖先記錄月相，文藝復興時期的科學家研究行星的運行軌道，都需要運用數學。數學是揭開宇宙奧秘的鑰匙。

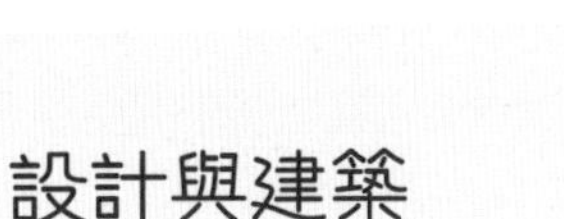

設計與建築

如何建造不會倒塌的建築物？如何使建築物既實用又美觀？數學是幫助建築師和建築者作決定的基礎。

探索科學

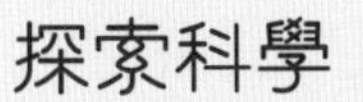

將人、機械人和人造衛星送入太空，不能僅僅靠推測來實現。科學家需要利用數學來精確計算運行軌道和運行軌跡，這樣才能安全地引導飛行器飛到月球或太空中更遠的地方。

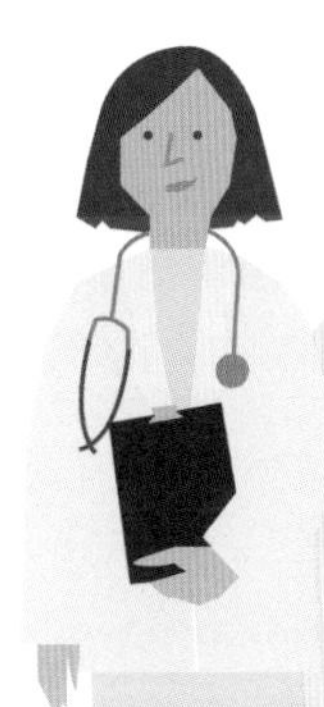

拯救生命

實際上數學也是一種救命工具。無論是測試新藥、進行複雜的外科手術，還是研究致命的疾病，如果不進行大量的數學測算，那麼醫生、護士和科學家將無法運用先進的醫療手段挽救病人的生命。

金融理財

幾千年前，人們用數數的方法來計算他們所擁有的財產，而現在人們用複雜的數學模型來解釋、管理和預測國際商業和貿易。如果沒有數學，世界不知會是甚麼樣子。

電腦運算

當阿達・洛芙萊斯（Ada Lovelace）編寫世界上第一個電腦程序時，她無法想像這將會改變世界。如今，我們的電視、智能手機和電腦每秒可以進行千百萬次的計算，並且每秒有千萬兆位元的數據通過互聯網傳遞。

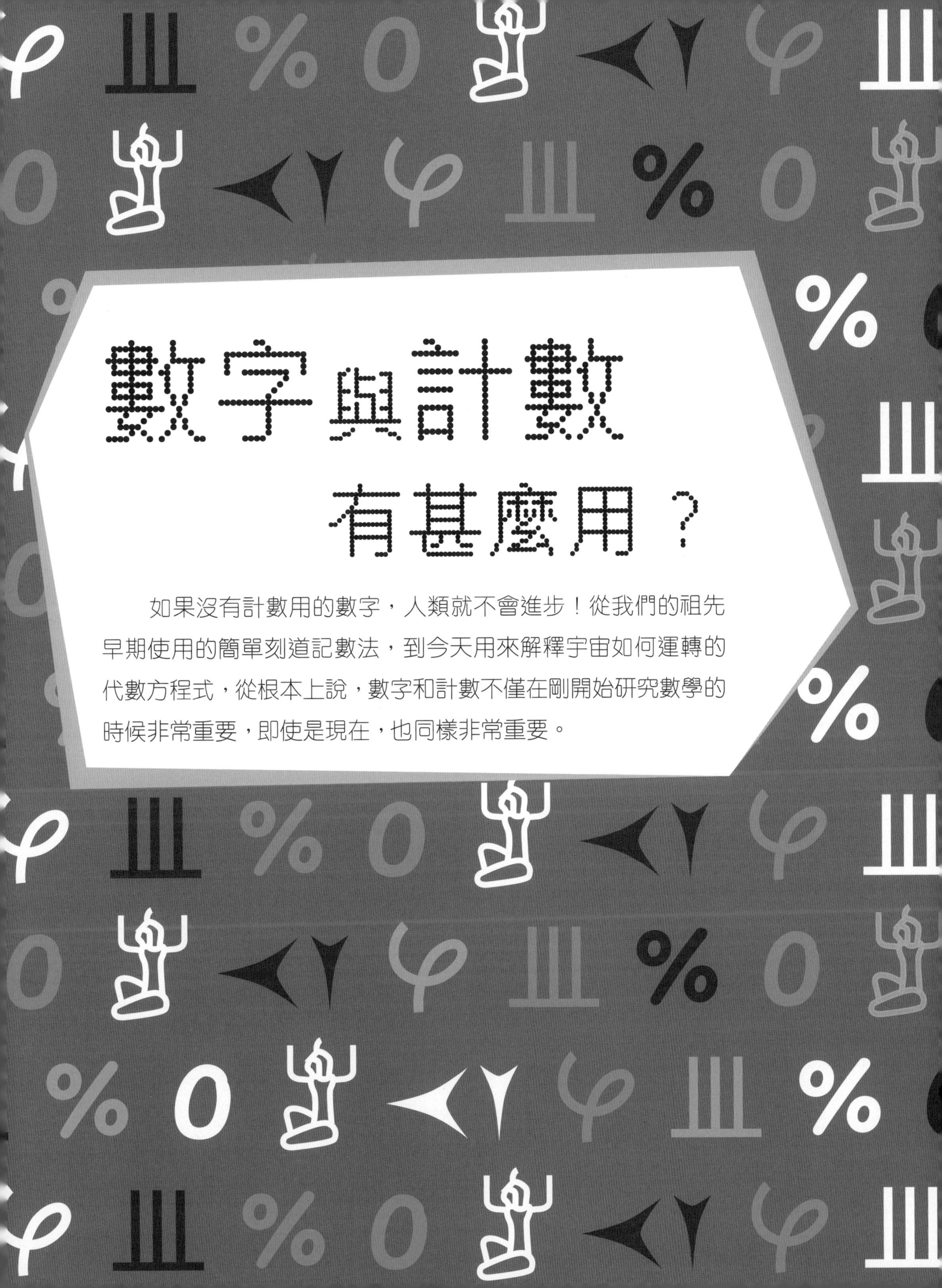

數字與計數有甚麼用？

如果沒有計數用的數字，人類就不會進步！從我們的祖先早期使用的簡單刻道記數法，到今天用來解釋宇宙如何運轉的代數方程式，從根本上說，數字和計數不僅在剛開始研究數學的時候非常重要，即使是現在，也同樣非常重要。

如何記錄時間

計數的歷史可以追溯到至少 35,000 年前的非洲。歷史學家認為，我們的祖先使用刻道的方法記錄不同的月相以及經過的天數，這對於狩獵者和採集者的生存至關重要。在那個年代，我們的祖先已經開始記錄動物的活動規律，甚至還可以預測某些水果成熟的時間。

在一個周期的中間，月亮又大又明亮。

在周期開始時，月亮細細的、彎彎的。

1 早期的人類注意到，月亮在天空中的形狀呈周期性變化。

2 他們意識到，如果記錄下這些月相，就可以預測每一種月相何時再次出現。

3 早期人類用刻道的方式來記錄這種變化。刻道記數法是一種簡單的線條系統，用來記錄數字和數量。每當看到月亮的形狀發生變化時，就刻一道新痕跡，這樣人類便製作出了世界上第一部陰曆。
當時的人們在滿月的時候刻一條較長的道。

刻道記數法

刻道是一種簡單的記數法。這個方法的最初形式是用線條的數目代表物體的數目。但是這種方法在數字較大的情況下操作非常不方便。想像一下，你必須數 100 條線，才能知道數目是 100！為了使這個方法更簡便，人們開始將刻道分成 5 組。

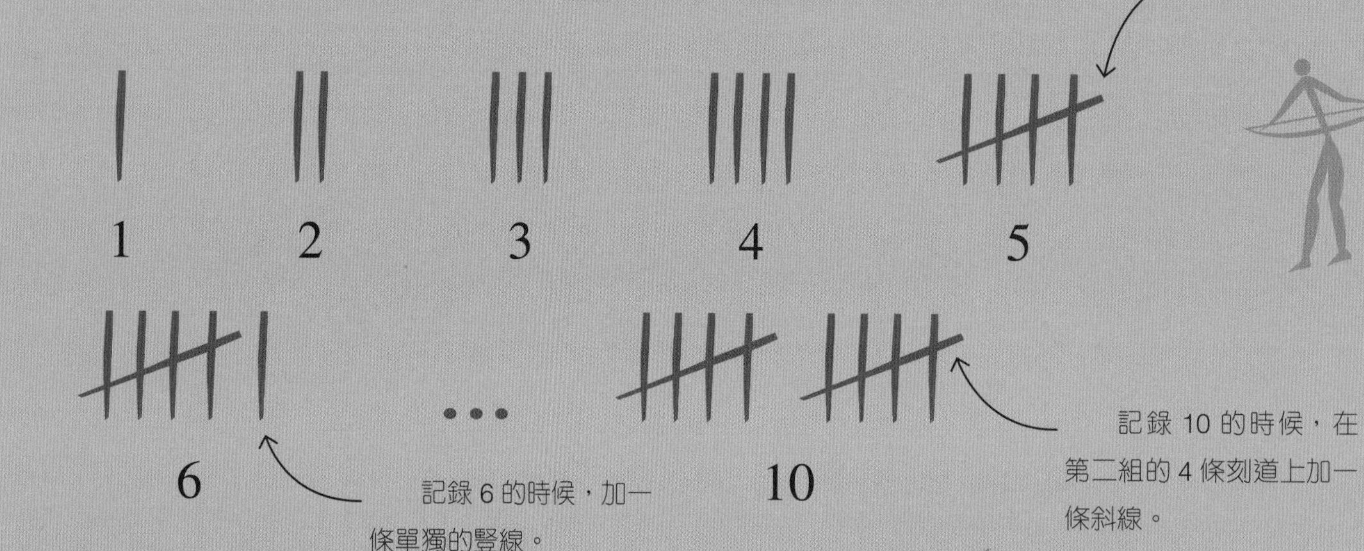

點線記數法

隨着時間發展，出現了一個點與線組合的記數法。數字 1~4 用點代表，數字 5~10 則是在兩點之間分別添加線條，先形成一個正方形，然後添加對角線。最終，這些點和線構成了數字 10。

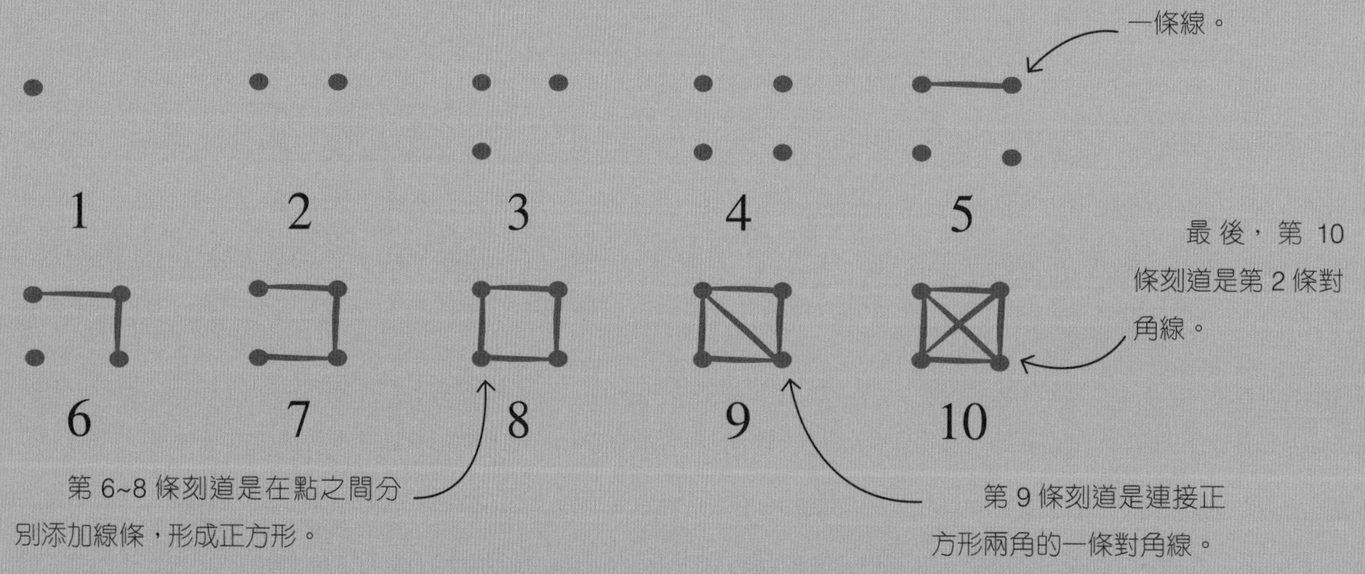

正字記數法

中國有一種與眾不同的記數法，這種方法使用一個筆畫為 5 畫的漢字，以 5 為基數進行計數。這個漢字很容易識別，因為它的頂部和底部各有一條長橫線。

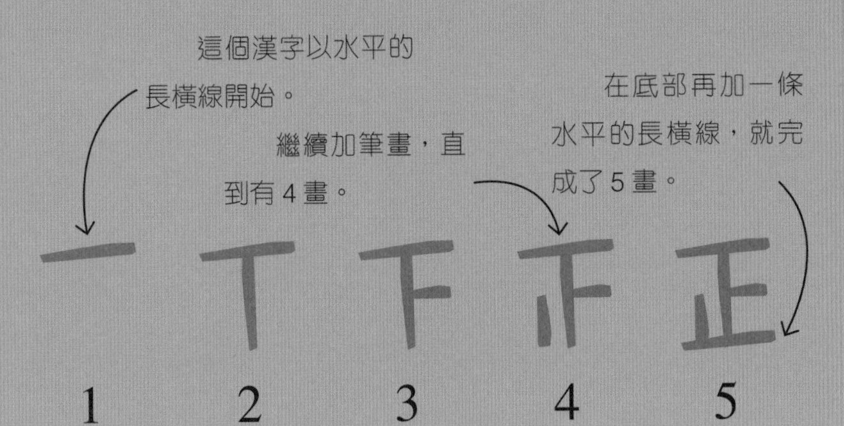

謎題

你能算出下面的數字嗎？首先數有多少個 5 或 10。

卌 卌 卌 卌 卌 卌 卌 ||| = ?

⊠ ⊠ = ?

正正正一 = ?

試試看

如何使用刻道記數法

刻道記數法是記錄某個區域（例如花園或公園）裏特定動物種羣的好方法。之所以說這個方法好，是因為當你看到一隻動物時，畫一條線就可以，不必每次都寫一個不同的數字。

試着用刻道記數法記錄一小時內你發現的蝴蝶、鳥和蜜蜂的數量。

蝴蝶	||||
鳥	卌 卌 |
蜜蜂	卌 ||

真實世界

伊尚戈骨（The Ishango bone）

這根狒狒的腿骨是 1960 年在現今剛果民主共和國發現的。它有 20,000 多年的歷史，上面佈滿了刻痕。它是早期人類運用數學的證據之一，但是我們還不能確定早期人類用這些刻痕記錄了甚麼。

如何用鼻子計數

人類的第一個計算器，就是自己的身體。在人類開始使用數字之前，是用手指來計數的。實際上，digit 這個英文單詞源自拉丁語中的 digitus，它有「手指」和「數字」兩個意思。因為我們有 10 根手指，所以大多數人使用的記數系統是十進制的，還有一些人類文明利用身體的不同部位（甚至包括鼻子）發展出不同的記數系統。

十進制系統

因為當時人們是用手指計數的，所以現在我們使用的是十進制記數系統。英文單詞 decimal（十進制的）來自於拉丁語 decem，意思是十。十進制系統也被稱為基數為 10 的記數系統，表示以 10 為一組進行思考和計數。

二十進制系統

美洲的瑪雅文明（Maya）和阿茲特克（Aztec）文明使用基數為 20 的記數系統，這個系統可能是根據 10 根手指和 10 根腳趾計數發展而來的。

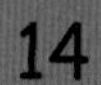

六十進制系統

古巴比倫人使用的是以 60 為基數的記數系統。他們可能是用一隻手的拇指觸摸其他手指的指節，得到 12。另一隻手做配合，每根手指代表 12，一共 5 根，共計 60。現在，我們仍在使用六十進制系統：每分鐘有 60 秒，每小時有 60 分鐘，這都來源於古巴比倫人的智慧。

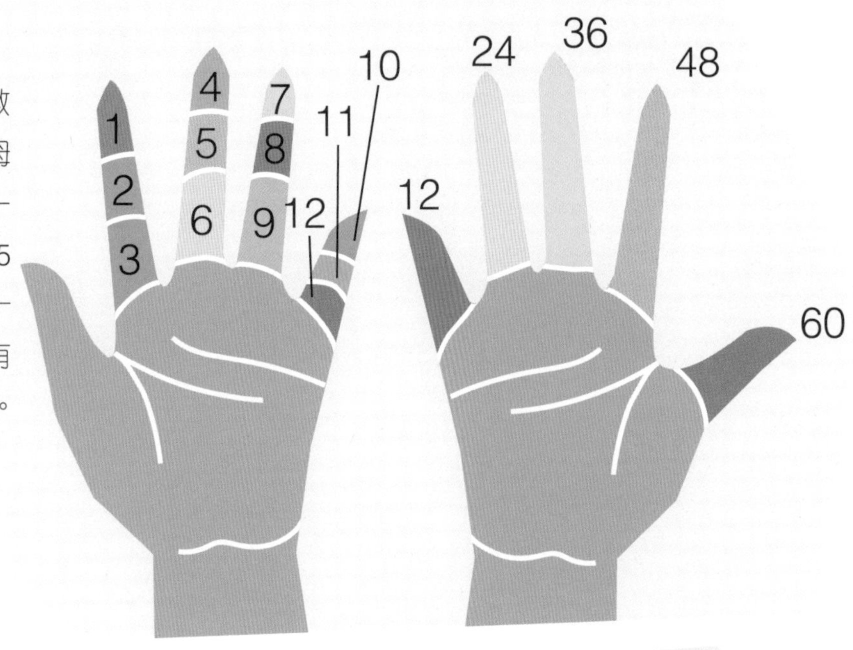

6
7
8
9
10

二十七進制系統

巴布亞新幾內亞的某些部落使用基於身體部位，以 27 為基數的記數系統。他們是這樣計數的：首先用一隻手的手指從 1 數到 5，接着沿着同側的手腕到肩膀從 6 數到 11，然後沿着同側的耳朵到鼻子從 12 數到 14，最後沿着另一側的眼睛到手指從 15 數到 27。

與外星人一起數數

如果外星人有 8 根手指（或觸手），則可能會使用八進制系統。他們可以使用這個記數系統進行數學運算，只是看起來與我們的十進制系統不同而已。

如何數牛

6,000 多年前，在美索不達米亞平原（即今伊拉克）上，蘇美爾文明蓬勃發展，越來越多人擁有土地，並在其上種植小麥，飼養羊和牛等動物。為了記錄交易或已繳的稅款，聰明的蘇美爾商人和稅吏發明了一種記數法，比我們穴居祖先的刻道記數法或利用身體部位計數的方法更先進。

2 他們用黏土製成小符記，代表動物或其他常見財物。首先清點每個人的財產，然後將適當數目的符記放入空心的濕黏土球中，以便日後檢查。一旦黏土球變乾變硬，裏面的符記就無法被篡改。

商人或稅吏如果想知道某個黏土球內有哪些符記，就必須打破這個黏土球。

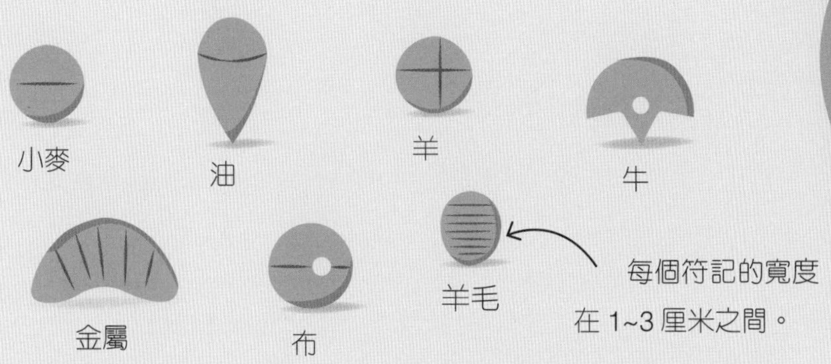

每個符記的寬度在 1~3 厘米之間。

3 後來，蘇美爾人開始在球還潮濕的時候，用符記在黏土球上壓印。這樣一來，他們無須打破黏土球，就能知道裏面有哪些符記。

4 再後來，美索不達米亞地區的人們進一步改良了這個記數系統。他們使用符號來代表數字，意味着他們可以記錄更多的常見物品和動物。

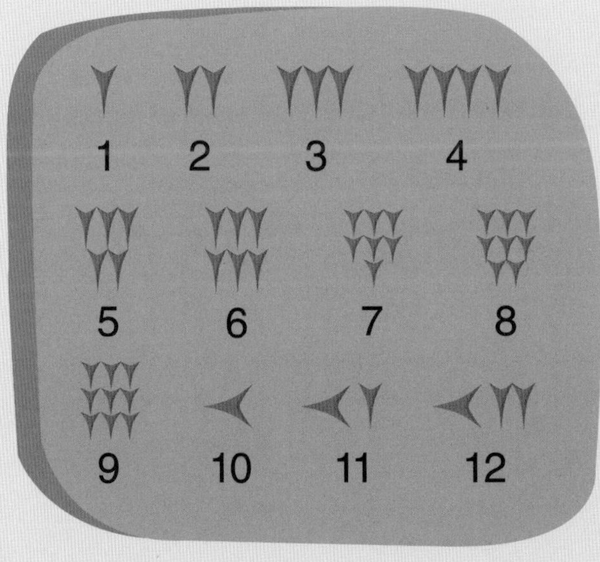

他們使用一種稱為「鐵筆」的尖頭工具，將數字印在黏土板上。

豎標代表 1，橫標代表 10。因此 12 可以用一個橫標和兩個豎標來表示。

古代的數字

蘇美爾人並不是唯一發明數字系統的古代文明。在那個時代，還有其他文明社會也在尋找表示數字的方法。古埃及人使用象形文字創建了自己的數字系統，後來古羅馬人也使用字母創建了一個數字系統。

埃及象形文字

古埃及人用圖畫代表文字，這種文字被稱為象形文字。約公元前 3,000 年，他們使用象形文字創建了一個數字系統，其中 1、10、100 等用單獨的象形文字表示。

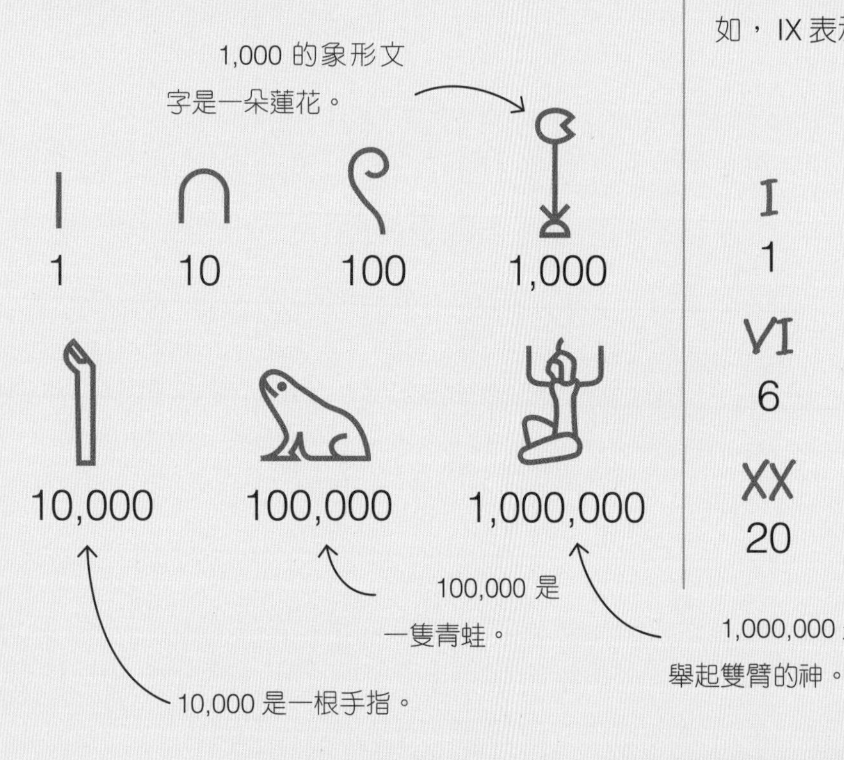

羅馬數字

古羅馬人用字母創建了自己的數字系統。當小數字出現在大數字的右邊時，則用小數字加上大數字。例如，XIII 表示 10 + 3 = 13。當小數字出現在大數字的左邊時，則用大數字減去小數字。例如，IX 表示 10 - 1 = 9。

I	II	III	IV	V
1	2	3	4	5
VI	VII	VIII	IX	X
6	7	8	9	10
XX	L	C	D	M
20	50	100	500	1,000

真實世界

現今的古代數字

人們現在仍在使用羅馬數字。像一些皇帝或皇后，如英國女王的稱號 Queen Elizabeth II（伊麗莎白二世）中的 II 就是羅馬數字 2。羅馬數字常出現在一些時鐘的面盤上，不過時鐘上數字 4 有時會寫成 IIII，而不是 IV。

現在的數字

婆羅米數字最早是公元前 3 世紀從印度的刻道標記發展而來的。到了 9 世紀，它們已經發展成眾所周知的印度數字。阿拉伯學者將這些數字變化成西方的阿拉伯數字，並傳播到歐洲。隨着時代發展，出現了歐洲形式的印度 - 阿拉伯數字，也就是當今世界上最廣泛使用的數字系統。

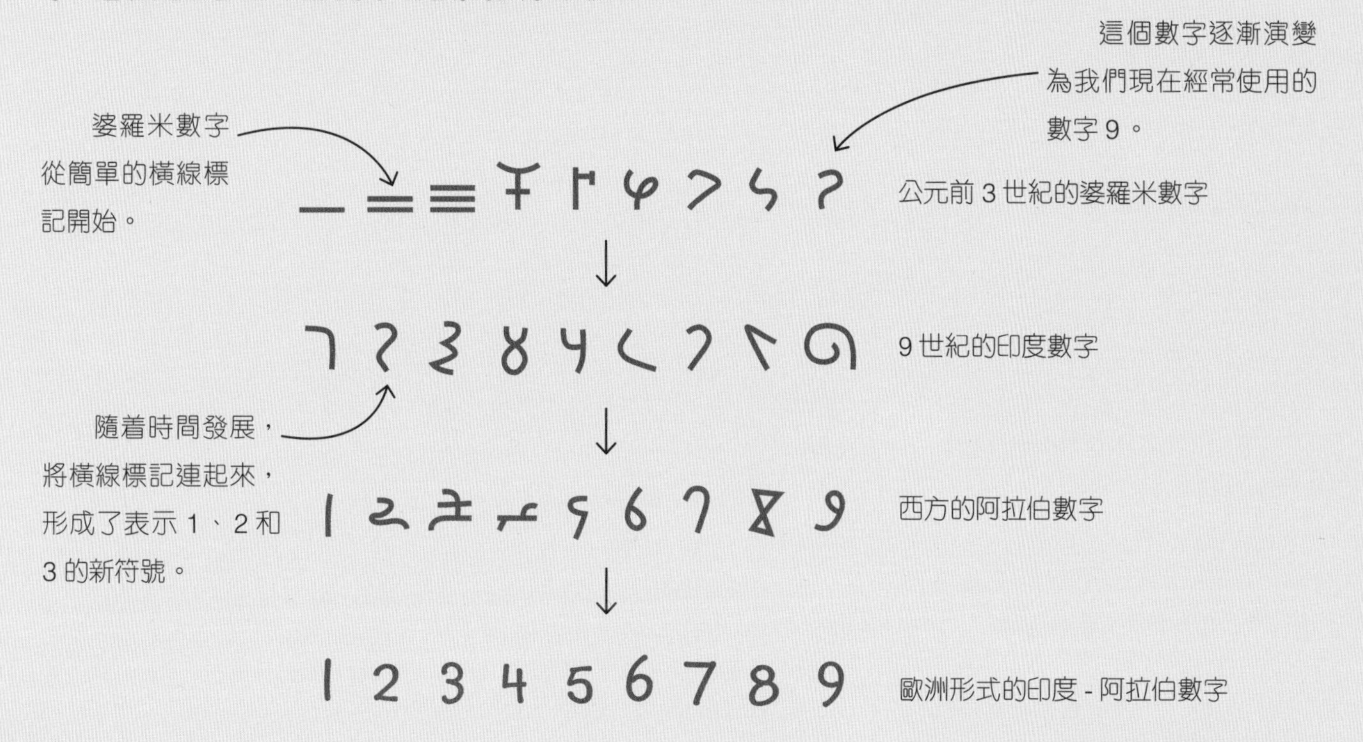

試試看

如何寫你的生日

英國著名埃及學先驅霍華德・卡特（Howard Carter）出生於 1874 年 5 月 9 日。他應該如何用埃及象形文字或羅馬數字寫自己的生日呢？

埃及象形文字

羅馬數字 IX · V · MDCCCLXXIV

現在，請用埃及象形文字或羅馬數字寫一寫你的生日。

如何將「無」變為一個數字

從「無」的抽象概念發展到實際的數字「0」用了很長時間，這個過程匯集了世界各地的文明成果。數字「0」在現代的「位值制」中至關重要。在這個系統中，數字在一個數中的位置表明它的值。例如，在 110 這個數中，0 表示有 0 個 1，而在 101 這個數中，0 表示有 0 個 10。但是 0 本身也是一個數字，我們可以對它進行加法、減法和乘法運算。

空格

古巴比倫人是最早使用位值制記數法來書寫數字的，但因為他們並未想到 0 是一個數字，所以記錄的數字中沒有 0，不過他們在應該是 0 的地方留了一個空格。但是這樣會使一些數字混淆。例如，他們會以完全相同的方式寫 101 和 1001 這兩個數字。

11 = 11

1 1 = 101 還是 1001？

如果沒有 0，則很難知道數字的大小！

公元前 2000 年

公元前 500 年

不需要 0

古羅馬人的記數系統不需要 0，也從未想到 0 的概念。他們使用字母代表數字，而不是使用位值制。這意味着他們不需要用 0 就可以寫出像 1201 這樣的數字：

MCCI = 100 +100 + 100 + 1 = 1201。

毫無頭緒的計算

古希臘也沒有代表 0 的數字。古希臘哲學家亞里士多德不喜歡 0 的概念，因為當他試圖用一個數除以 0 時，陷入了困境。

瑪雅人的貝殼

古代瑪雅文明用貝殼代表 0，但不是作為一個數字，而是作為一個佔位符，類似於古巴比倫人在數字之間留出的空格。

公元前 350 年

公元前 1 世紀

628 年

0 的運算規則

印度數學家婆羅摩笈多（Brahmagupta）是第一個將 0 視為數字的人，他提出了 0 的運算規則：

一個數加 0 後，這個數不變。
一個數減 0 後，這個數不變。
一個數乘 0 等於 0。
0 除以 0 等於 0。

除了第四個規則，前三個規則現在仍然在使用，因為我們知道在算術運算中不能除以 0。

你知道嗎？

除以 0

除以 0 是一項不可能完成的任務。將一個數除以 0 就相當於將這個數分成多個等份，每份 0 個。但是這樣的等份無論有多少個，它們的和只能等於零，而無法得到原來的被除數。所以在算術運算中不能除以 0。

0 的傳播

在巴格達（現伊拉克首都）生活和工作的穆罕默德・阿爾・花拉子米（Muhammad as-Khwarizmi）寫了許多關於數學的書。他使用的是印度數字系統，這個系統中包含 0 這個數字。他的書被翻譯成多種語言出版，協助傳播 0 是一個符號、也是一個數字這個概念。

0 在北非

在北非旅行的阿拉伯商人向來自世界各地的商人傳播了 0 的概念。歐洲的商人此時仍在使用煩瑣的羅馬數字，但是他們很快採用了 0 這個數字。

9 世紀

11 世紀

1202 年

無謂的憤怒

意大利數學家斐波納奇（Fibonnaci）在北非旅行時聽說過 0，並在他的《計算之書》（Liber Abaci）中對此進行了描述。他的做法激怒了宗教領袖，因為宗教領袖將 0 或「虛無」與邪惡聯繫在一起。1299 年，意大利當局擔心使用數字 0 會鼓勵人們犯欺詐罪，因為 0 很容易被改為 9，於是在佛羅倫斯禁止使用 0。但是 0 這個數字太方便了，人們私下裏仍然使用它。

寫 0

此時，中國已經建立了獨立的數字系統。從 8 世紀前後開始，中國的數學家就用空格代表 0。到了 13 世紀，他們開始用圓圈代表 0。

電腦語言

如果沒有 0，現代的電腦、智能手機和數碼技術就不可能存在。這些技術使用二進制代碼，將指令轉換為由數字 0 和 1 組成的數列。

13 世紀

17 世紀

現在

新進展

到了 16 世紀，印度 - 阿拉伯數字系統被歐洲各地採用，0 也開始被普遍使用。以前，使用煩瑣的羅馬數字不能進行複雜的計算，而 0 使這樣的計算成為可能，從而令 17 世紀的艾薩克・牛頓（Isaac Newton）和一些數學家的研究取得了巨大進展。

你知道嗎？

0 年

在公元 2000 年開始的時候，世界各地都舉行了慶祝活動，以慶祝新千年的開始，但是許多人說慶祝提前了一年。因為公元紀年中沒有 0 年，所以他們認為新千年應該是從 2001 年 1 月 1 日開始。

如何進行負數運算

古代中國是已知最早使用負數的國家。古代中國商人使用象牙或竹子製成的算籌來記錄交易，避免陷入債務糾紛。他們用紅色算籌代表正數，用黑色算籌代表負數。現在的記數系統使用相反的顏色，如果有人欠錢，就說他們陷入了「財政赤字」。後來，印度數學家也開始使用負數，但有時他們會使用「+」來表示負數，這與我們現在的做法相反。

2 計算板後來發展成「位值制」記數系統。在這個系統中，算籌在計算板中的位置決定了算籌的數值。

3 在這一列（個位）中，採用縱式。一根豎算籌代表數字 1，數字 2~5 由相應數目的豎算籌代表。一根橫算籌代表數字 5，一根橫算籌加相應數目的豎算籌分別代表數字 6~9。

縱式數字

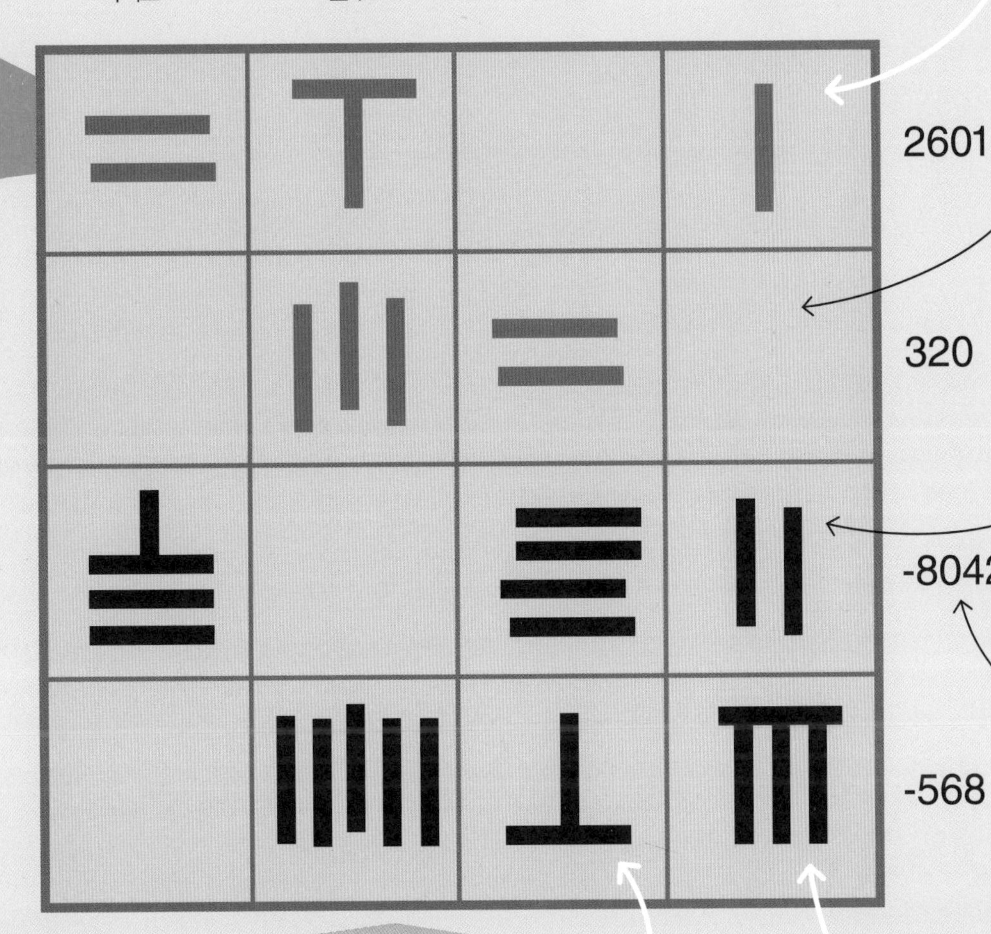

在發明數字 0 之前，人們用空格代表零。

這個位值制記數系統與我們現在的記數系統非常相似。這一列中的兩根豎算籌代表數字 2，如果它們出現在百位格子裏，則代表 200。

這一行算籌代表 8 個千、0 個百、4 個十和 2 個一。算籌是黑色的，表示這個數是負數，所以它代表的數是 -8,042。

4 在下一列（十位）中，採用橫式。數字 1~5 由相應數目的橫算籌代表。一根豎算籌代表數字 5。橫算籌與豎算籌組合可以代表數字 6~9。在下一列（百位）中，算籌將再次採用縱式。因此，表示多位數時，個位用縱式，十位用橫式，百位用縱式，千位用橫式，以此類推。

橫式數字

5 這個系統用紅色算籌代表正數（收入），黑色算籌代表負數（支出）。

負數

要知道負數如何運作的最簡單方法是在數軸上畫出負數。數軸的中點是數字 0，0 右邊的數均為正數，而 0 左邊的數均為負數。如今，我們習慣在數字前加「-」表示負數。

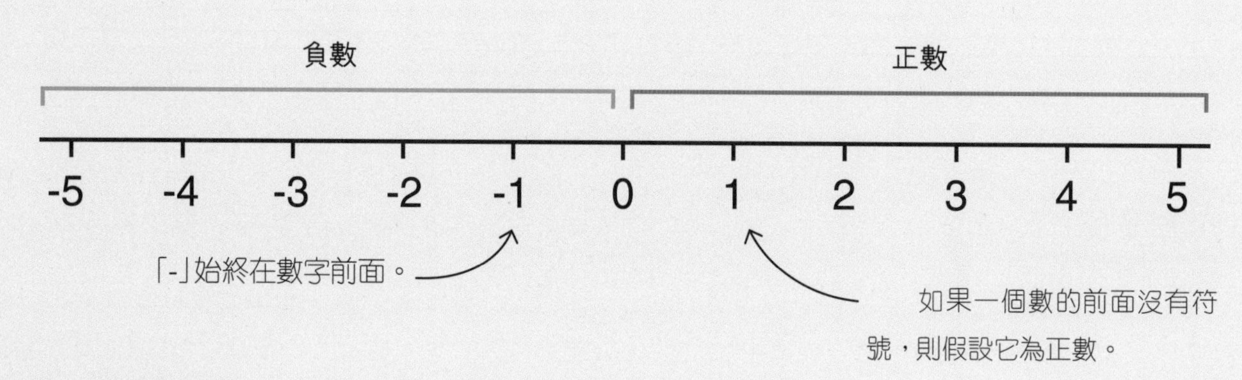

正數與負數的加法

任何數加正數時，都會使這個數沿數軸向右移動。一個正數加一個較小的負數時，會得出一個正數。任何數加負數時，都會使這個數沿數軸向左移動，這與減去等值的正數相同。正數加負數時，如果答案在 0 的右邊，則答案是正數；如果答案在 0 的左邊，則答案是負數。

一個數加正數將使這個數沿數軸向右移動。

為了方便計算，通常將負數放在括號裏面。

$$(-2) + 3 = 1$$

-3　-2　-1　0　1　2　3

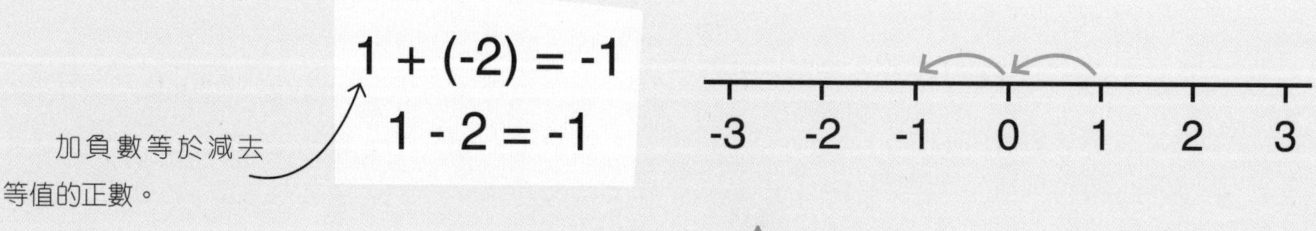

正數與負數的減法

負數減正數的運算方式，與正常的減法運算相同，數字沿數軸向左移動。但是，一個數（無論是正數還是負數）減去負數，就會造成「雙負數」，在這種情況下，兩個減號相互抵銷，實際上相當於加一個正數。

負數減正數的運算與正常的減法運算相同。

$$(-1) - 2 = -3$$

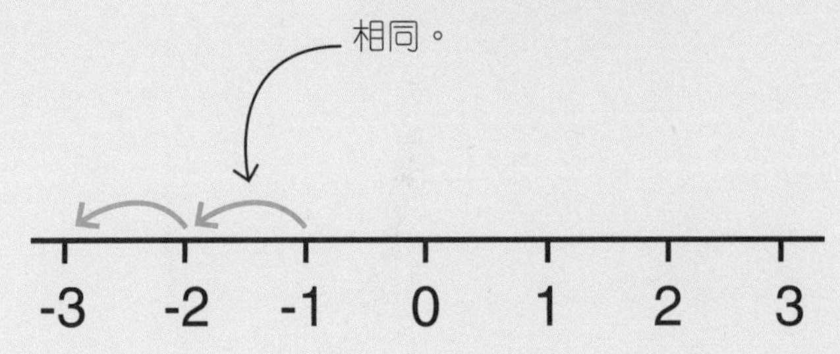

兩個減號相互抵銷，產生了一個加號。

$$(-2) - (-4) = 2$$
$$(-2) + 4 = 2$$

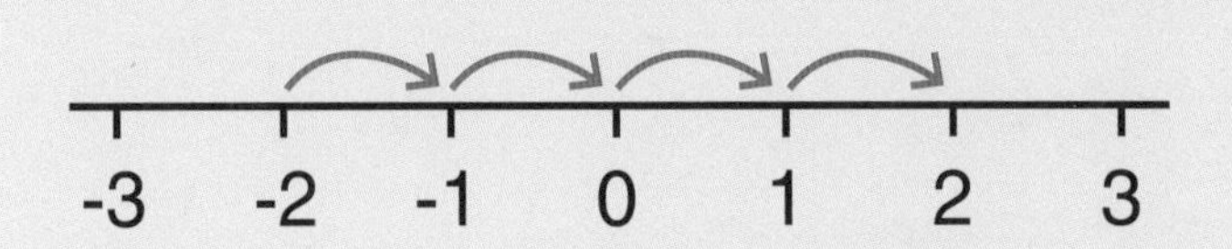

試試看

極端溫度

地球上的溫度變化很大。1913 年 7 月 10 日，在美國加利福尼亞的死亡谷測得的最高氣溫約為 57℃（134 ℉）。1983 年 7 月 21 日，在南極的沃斯托克站測得的最低氣溫約為 -89℃（-128 ℉）。

最高和最低氣溫記錄之間的差是多少？

較大的數減去較小的數等於兩個數之間的差。

要得到以℃為單位的答案，你需要計算 57 －(-89)。要得到以℉為單位的答案，你需要計算 134 －(-128)。這兩種溫標的最高氣溫和最低氣溫之間的差是多少？

真實世界

海平面

我們使用負數來描述海平面以下的位置。阿塞拜疆共和國的首都巴庫位於海平面以下 28 米處，我們說它的海拔為 -28 米。巴庫是世界上海拔最低的首都。

如何向公民徵稅

從超市的促銷降價到電池的電量，百分比可以讓你快速地比較兩個數字。自古以來，人們會在徵稅時運用百分比。在古羅馬時代，為了給羅馬帝國的軍隊籌集資金，每個擁有財產的人都必須納稅。因為每個人擁有的財產數量各不相同，所以徵收相同金額的稅款是不公平的。因此，稅吏決定從每個人那裏徵收其財產的一百份中的一份，也就是百分之一。

2 這個人很窮，他從自己的財產中拿出百分之一交給稅吏。

這個人交的稅款很少，只有一枚硬幣。

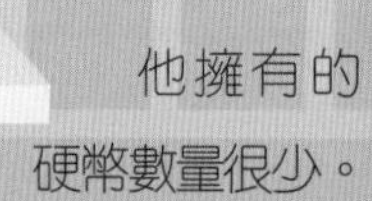

1 稅吏查明每個人擁有多少財產，並徵收其財產的百分之一作為賦稅。

他擁有的硬幣數量很少。

做數學題

百分比

百分比由符號「%」或術語「percent」（百分之）表示。「percent」來自於羅馬人使用的拉丁語，意思是「每 100 個」或「100 中的」。如果在 100 枚硬幣中，有一枚是金幣，我們則說 1% 的硬幣是金幣。

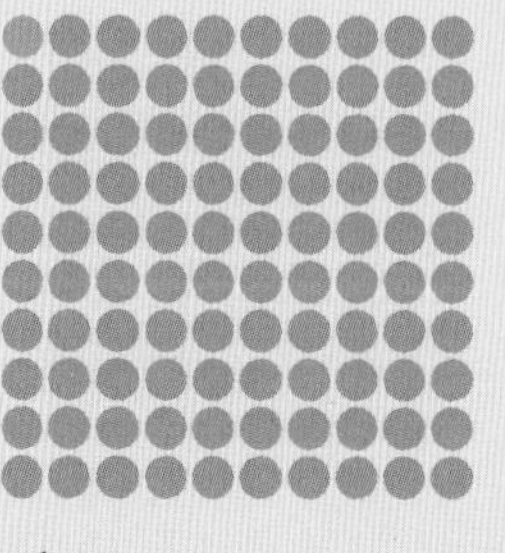

$\frac{1}{100}$ 相當於 1%

$\frac{75}{100}$ 相當於 75%

3 這個人也將他財產的百分之一交給了稅吏，由於他比第一個人富有，所以他交的稅款比第一個人多。

4 與其他人一樣，這位更富有的人也把她財產的百分之一交給稅吏。雖然這筆稅款比其他兩個人要多很多，但是在她的全部財產中所佔的比例卻與其他人相同。

100 枚硬幣的 1%
= 1 枚硬幣

3,000 枚硬幣的 1%
= 30 枚硬幣

10,000 枚硬幣的 1%
= 100 枚硬幣

要計算每個人應交的稅款，只需將他們各自擁有的硬幣總數除以 100，即可得出 1% 的硬幣數。這是一個相對公平的制度，因為他們都交了相同比例的硬幣，而不是交相同數量的硬幣。

全部成比例

假設羅馬皇帝總共徵收了 250,000 枚硬幣的稅款。他希望將其中的 20% 用於修建道路，其餘的 80% 用於裝備軍隊。那麼在 250,000 枚硬幣中，將會有多少枚硬幣花在修建道路上？又會有多少枚硬幣用於裝備軍隊？

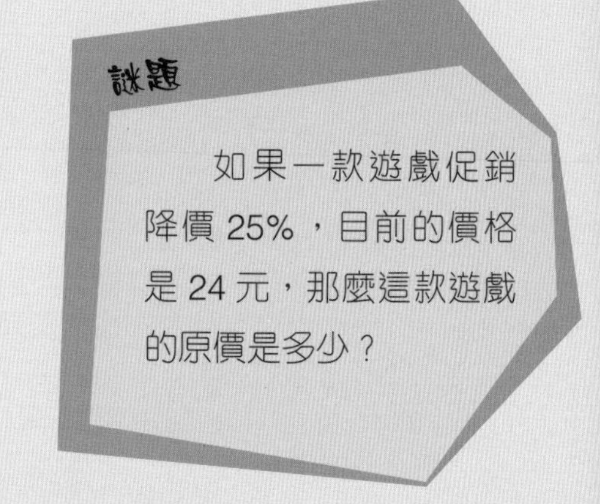

首先，將 250,000 分成 100 等份，得到總額的 1%：

250,000 的 1%= 250,000 ÷ 100 = 2,500

然後用 2,500 乘百分比中所佔的份數，在這個例子中是 20：

2,500 × 20 = 50,000

這就是羅馬皇帝在修建道路上要花費的金額。

接下來，你需要從羅馬皇帝的總金額 250,000 枚硬幣中減去在修建道路上花費的 50,000 枚硬幣：

250,000 — 50,000 = 200,000

剩下的 200,000 枚硬幣可以用於裝備軍隊。

百分比的反向計算

如果羅馬皇帝決定將徵收稅款的 40% 用於建造一座雕像，這部分稅款是 16,000 枚硬幣，那麼他徵收的總稅款是多少？

要計算總稅款，你需要先算出 1% 是多少，然後用答案乘 100，就能得到總稅款。

首先，因為 16,000 所佔的比例是 40%，用其除以 40，就可以得出總稅款的 1%：

16,000 ÷ 40 = 400

然後乘 100：

400 × 100 = 40,000

羅馬皇帝徵收的總稅款是 40,000 枚硬幣。

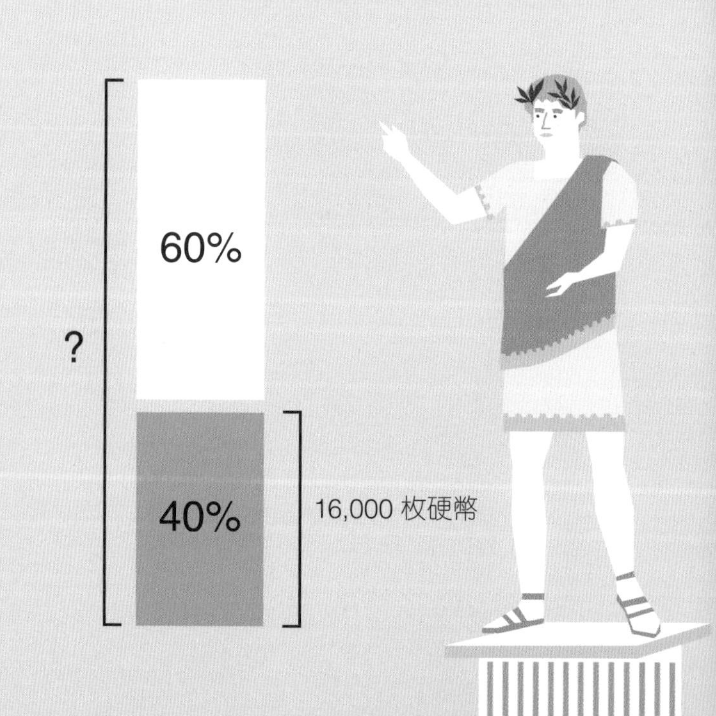

試試看

如何取得優惠

比較超市裏某種商品的價格的最好方法，是計算每件商品的單價，比如每克的價格。500 克冰淇淋的價格通常為 3.90 元，超市裏現有兩種優惠。優惠 A 和優惠 B 哪個更划算？

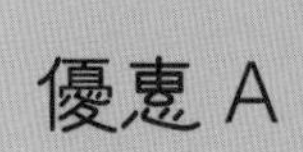

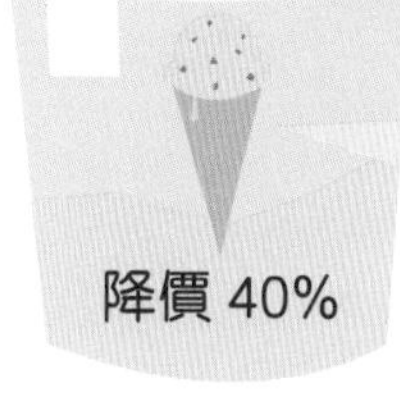

優惠 B

500 克冰淇淋，免費附贈 50%，總量為 750 克，價格為 3.90 元。

500 克冰淇淋，原價為 3.90 元，現降價 40%。

想要比較這兩種優惠哪種更划算，最簡單的方法是計算 1 克冰淇淋的價格。

優惠 A：

冰淇淋總量為

500 克 + 免費附贈 50%（250 克）= 750 克。

單價 = 總價格 ÷ 總量 = 3.90 元 ÷750 克 = **0.0052 元 / 克**。

優惠 B：

你需要先計算 500 克冰淇淋的現價，也就是降價 40% 後的價格：

降價 40% 後的價格 = 原價的 60% = 0.6 × 3.90 元 = 2.34 元。

然後計算單價：

單價 = 總價格 ÷ 總量 = 2.34 元 ÷ 500 克 ≈ **0.0047 元 / 克**。

在這兩種優惠中，優惠 B 降價 40% 比優惠 A 免費附贈 50% 冰淇淋更划算。

下次購物時，找一找看起來比實際價值更高的優惠！

真實世界

體育成就

體育評論員有時會使用百分比來表示運動員的表現。例如，在網球比賽中，他們經常談論發球成功率。發球成功率越高，就意味着運動員的表現越出色。

如何使用分數和小數

分數和小數讓我們可以表示和簡化非整數。分數和小數是兩種不同的表達方式，但表示的是相同的數值。是用分數還是用小數來表示某個數字，得根據具體情況而定。

分數

如果你想表示一個整量或整數的一部分，可以用分數。分數由分母（表示整體一共被分成多少份）和分子（表示佔多少份）組成。如果你將比薩餅切成兩等份，則每份是比薩餅的 $\frac{1}{2}$。如果你將比薩餅切成三等份，則每份是比薩餅的 $\frac{1}{3}$。如果你將比薩餅切成四等份，則每份是比薩餅的 $\frac{1}{4}$。

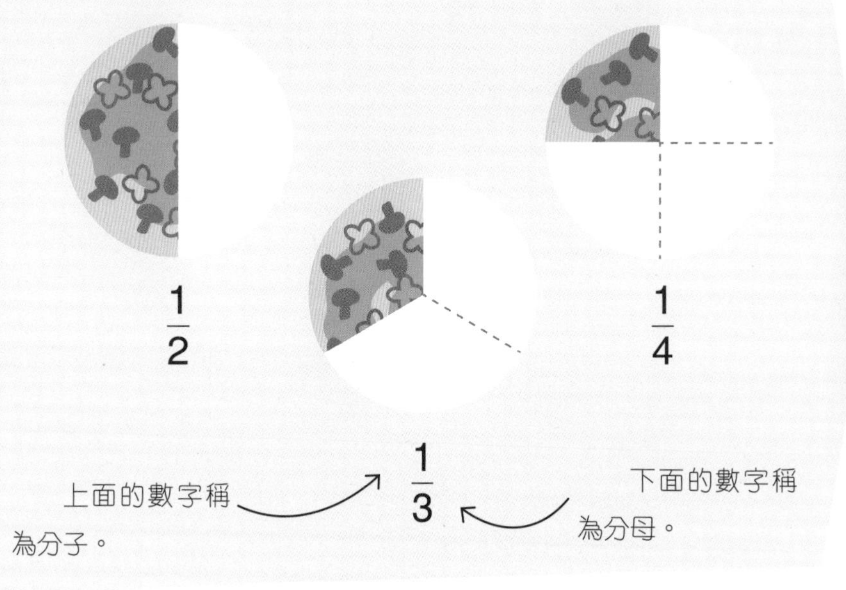

小數

假如一場 100 米賽跑，有四名運動員參加，他們都在 10 秒時越過了終點線，你不知道誰贏了。別擔心，小數可以幫助你更加準確地找到答案。如果你知道他們分別在 10.2 、10.4 、10.1 和 10.3 秒時越過了終點線，那麼你就能確定每個人的名次。

小數的特徵是有小數點。

十位	個位	小數點	十分位	百分位	千分位	萬分位
1	0	.	7	8	4	9

小數點左邊的數字代表整數部分。

小數點右邊的數字代表小於 1 的部分。

我們用一個矩形表示整數 1。

將矩形從中間切開，分成兩等份，每份可以寫成 $\frac{1}{2}$ 或 0.5。

1									
$\frac{1}{2}$ 或 0.5	$\frac{1}{2}$ 或 0.5								
$\frac{1}{3}$ 或 0.333…	$\frac{1}{3}$ 或 0.333…	$\frac{1}{3}$ 或 0.333…							
$\frac{1}{4}$ 或 0.25	$\frac{1}{4}$ 或 0.25	$\frac{1}{4}$ 或 0.25	$\frac{1}{4}$ 或 0.25						
$\frac{1}{5}$ 或 0.2	$\frac{1}{5}$ 或 0.2	$\frac{1}{5}$ 或 0.2	$\frac{1}{5}$ 或 0.2	$\frac{1}{5}$ 或 0.2					
$\frac{1}{6}$ 或 0.1666…	$\frac{1}{6}$ 或 0.1666…	$\frac{1}{6}$ 或 0.1666…	$\frac{1}{6}$ 或 0.1666…	$\frac{1}{6}$ 或 0.1666…	$\frac{1}{6}$ 或 0.1666…				
$\frac{1}{7}$ 或 0.1428…	$\frac{1}{7}$ 或 0.1428…	$\frac{1}{7}$ 或 0.1428…	$\frac{1}{7}$ 或 0.1428…	$\frac{1}{7}$ 或 0.1428…	$\frac{1}{7}$ 或 0.1428…	$\frac{1}{7}$ 或 0.1428…			
$\frac{1}{8}$ 或 0.125	$\frac{1}{8}$ 或 0.125	$\frac{1}{8}$ 或 0.125	$\frac{1}{8}$ 或 0.125	$\frac{1}{8}$ 或 0.125	$\frac{1}{8}$ 或 0.125	$\frac{1}{8}$ 或 0.125	$\frac{1}{8}$ 或 0.125		
$\frac{1}{9}$ 或 0.111…	$\frac{1}{9}$ 或 0.111…	$\frac{1}{9}$ 或 0.111…	$\frac{1}{9}$ 或 0.111…	$\frac{1}{9}$ 或 0.111…	$\frac{1}{9}$ 或 0.111…	$\frac{1}{9}$ 或 0.111…	$\frac{1}{9}$ 或 0.111…	$\frac{1}{9}$ 或 0.111…	
$\frac{1}{10}$ 或 0.1	$\frac{1}{10}$ 或 0.1	$\frac{1}{10}$ 或 0.1	$\frac{1}{10}$ 或 0.1	$\frac{1}{10}$ 或 0.1	$\frac{1}{10}$ 或 0.1	$\frac{1}{10}$ 或 0.1	$\frac{1}{10}$ 或 0.1	$\frac{1}{10}$ 或 0.1	$\frac{1}{10}$ 或 0.1

將矩形分成 10 等份時，每一份可以寫成 $\frac{1}{10}$ 或 0.1。

分數中的這條線被稱為分數線。

如何求未知數

如果你不能解答某些數學題，那麼代數可以給你提供幫助！代數是數學的一部分。在代數中，我們用字母或其他符號來代表未知數。你可以用自己所掌握的代數規則來求未知數的值。代數思維在很多學科（例如工程學、物理學和計算機科學）中都至關重要。

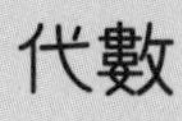

代數

英文單詞 algebra（代數）是以阿拉伯語 al-jabr 命名的，它的意思是「斷裂部分的重聚」。這個詞出現在數學家穆罕默德・阿爾・花拉子米於公元 820 年左右寫的一本書的書名中。穆罕默德・阿爾・花拉子米當時在巴格達（現伊拉克首都）生活和工作。他帶來了一個全新的數學分支，我們現在將其稱為「代數」。

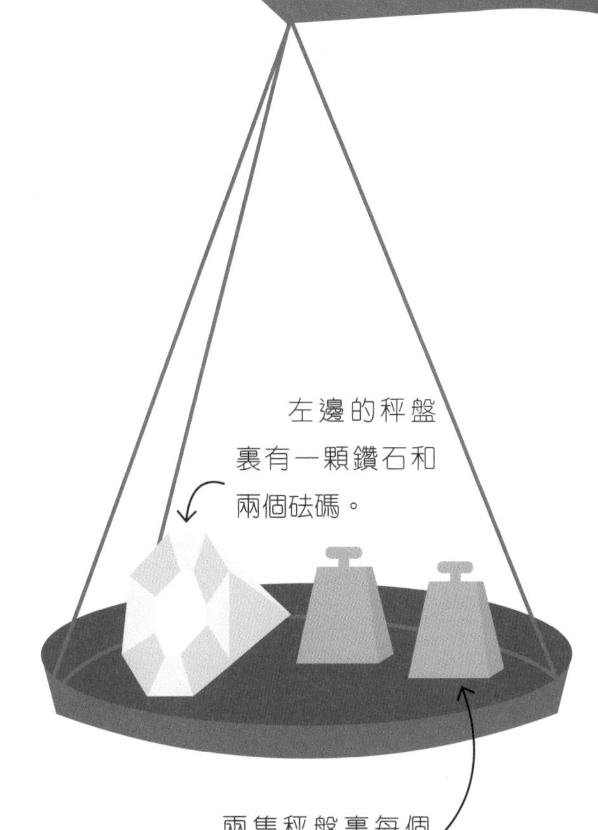

測量藥物

想要治癒患者，使用正確的藥物劑量至關重要。代數可以幫助醫生評估患者的疾病和健康狀況、不同藥物的有效性以及可能影響患者康復的其他因素，並計算出正確的藥物劑量。

謎題

你有一包糖果。你的朋友拿走其中的六粒後，你只剩下了原來的三分之一。你原來有多少粒糖果？

道路上的「代數」

代數使電腦和人工智能控制無人駕駛汽車成為可能。無人駕駛汽車根據電腦記錄的車速、行駛方向和周圍環境等信息，用代數來精確計算何時可以安全地轉向、剎車、停車或加速。

在代數方程中，左右兩側保持平衡。

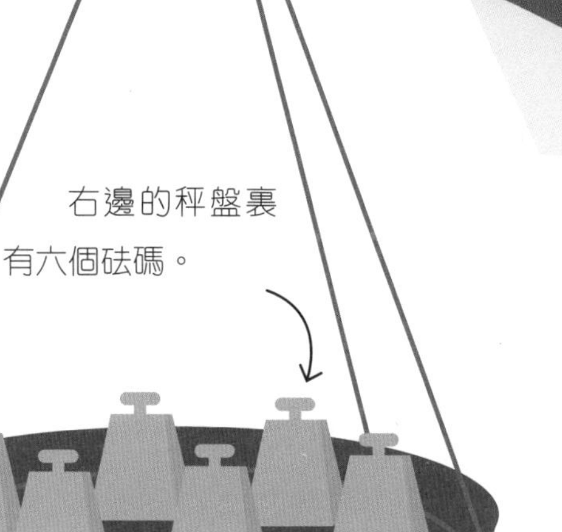

右邊的秤盤裏有六個砝碼。

平衡

代數方程可以看作是一架天平。無論我們在一側的秤盤裏放多少重量，都必須在另一側的秤盤裏放同樣的重量，這樣天平才能保持平衡。在圖示的例子中，我們知道鑽石加兩個砝碼的重量等於六個砝碼的重量。利用代數，我們可以證明鑽石的重量等於四個砝碼的重量。

我們用 x 代表鑽石的重量。

如果我們從秤的兩側分別取走兩個砝碼，秤依然保持平衡，這就證明鑽石的重量等於四個砝碼的重量。

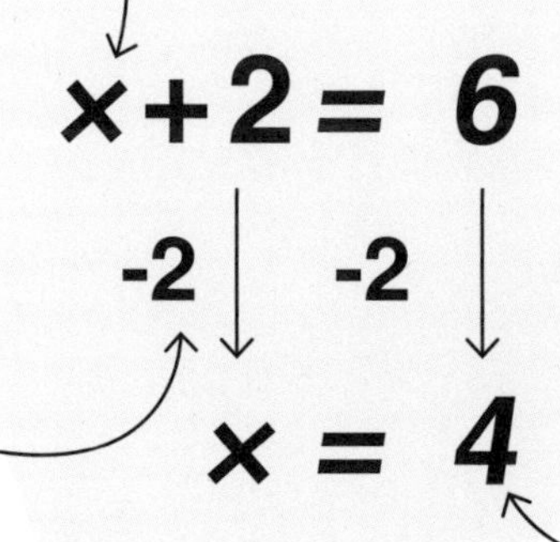

為了求 x 的重量，我們分別從等式的兩邊減去 2。

最後，我們用代數方程計算得出 $x = 4$。

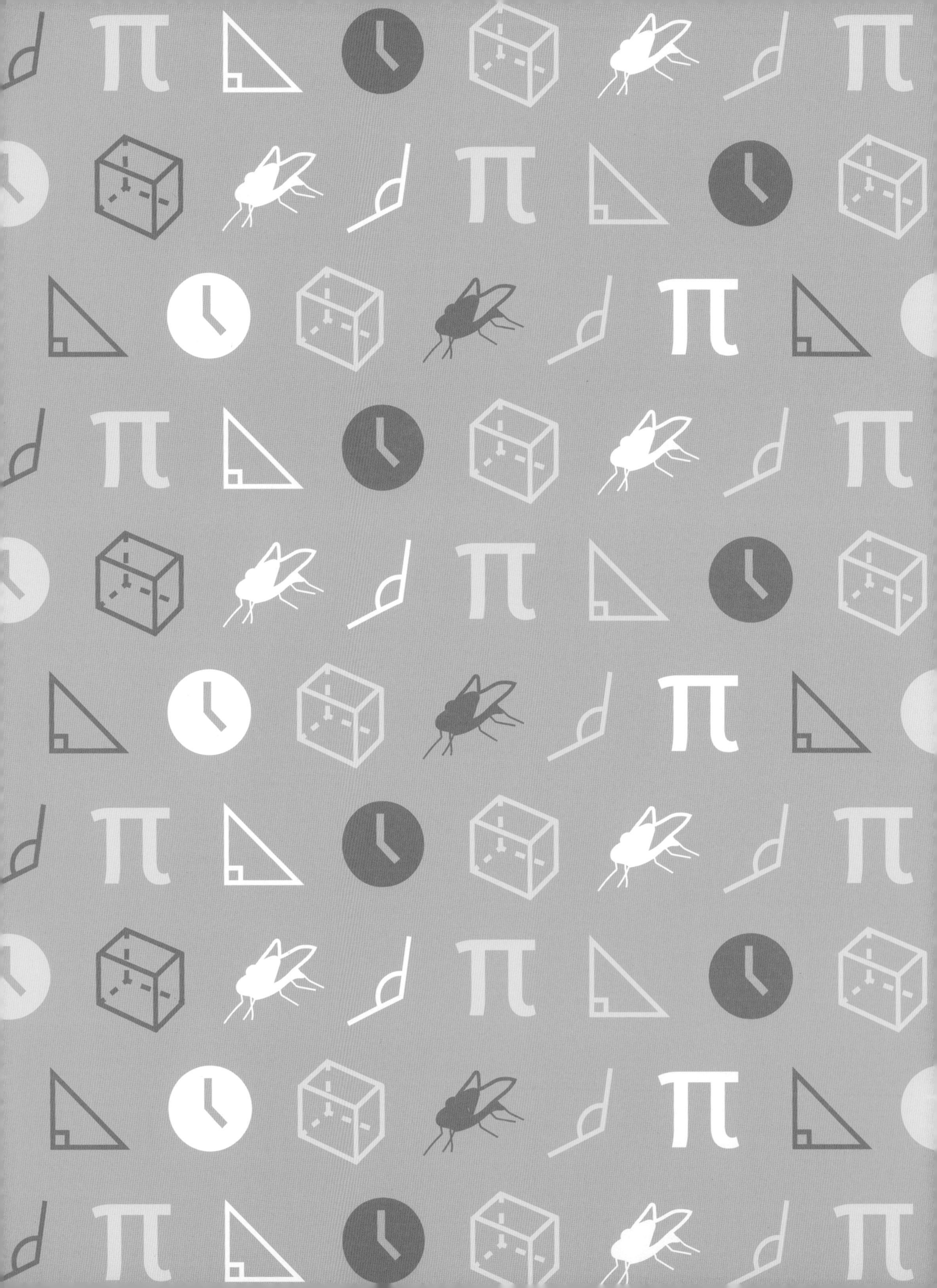

形狀與測量有甚麼用？

如果沒有研究形狀、尺寸和空間的幾何學，我們就不可能了解周圍的世界。縱觀古今，幾何學一直是人們研究的重點。隨着人們對幾何學的研究不斷加深，測量長度、面積、體積以及時間的方法變得越來越精確。如今，古代幾何學的思想和理論仍然在各個領域中沿用，包括全球定位系統的原理和應用、建築工程中精美的結構設計等。

如何塑造形狀

研究形狀、大小和空間的幾何學是數學最古老的分支之一。早在 4,000 年前，古巴比倫人和古埃及人就開始研究幾何學。公元前 300 年左右，古希臘數學家歐幾里得（Euclid）將幾何學的主要公理加以系統化。幾何學是導航、建築和天文學等眾多領域的重要組成部分。

蜜蜂建築師

蜜蜂用蜂蠟製成正六邊形蜂巢，給發育中的幼蜂居住並儲存食物。正六邊形是一種理想的形狀，因為它們可以完美地契合在一起，最大程度地節省空間，並且使用了較少的蜂蠟。整體形狀為正六邊形的蜂巢非常堅固，因此蜂巢內或蜂巢外的任何衝擊力（例如蜜蜂運動的力和風力）都會被均勻承擔。

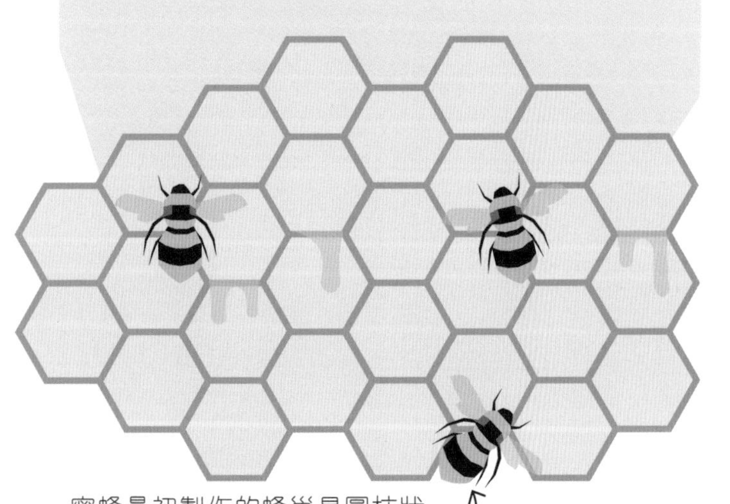

蜜蜂最初製作的蜂巢是圓柱狀的，但蜜蜂的體溫使蜂蠟融化，最後變成了正六邊形。

圓形

二維圖形，其圓周上的每個點到圓心的距離（也就是半徑）都相等。

三角形

二維圖形，具有 3 條邊。無論 3 條邊的長度如何，三角形的內角和都是 180°。

正方形

二維圖形，具有 4 條邊。正方形的邊長相等，每個內角均為 90°（又稱為直角）。

五邊形

二維圖形，具有 5 條邊。正五邊形的邊長相等，每個內角均為 108°。

球體

三維幾何體，其表面上的每個點到球心的距離都相等。

錐體

三維幾何體，具有多個三角形側面，底面可以是三角形或正方形。

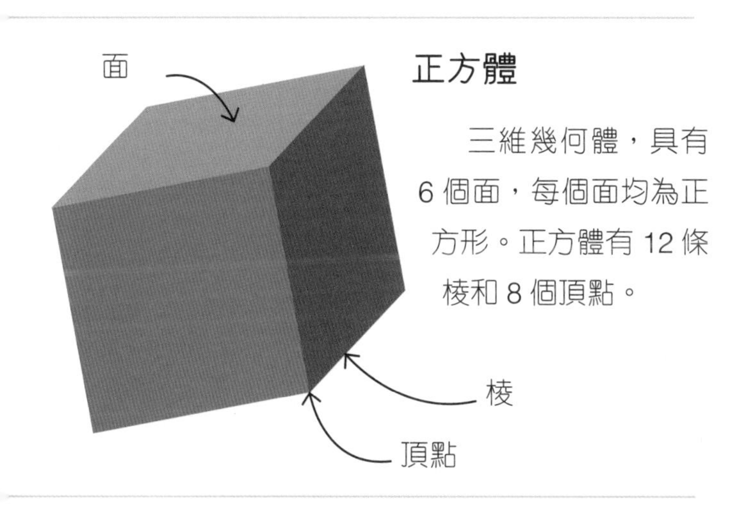

正方體

三維幾何體，具有 6 個面，每個面均為正方形。正方體有 12 條棱和 8 個頂點。

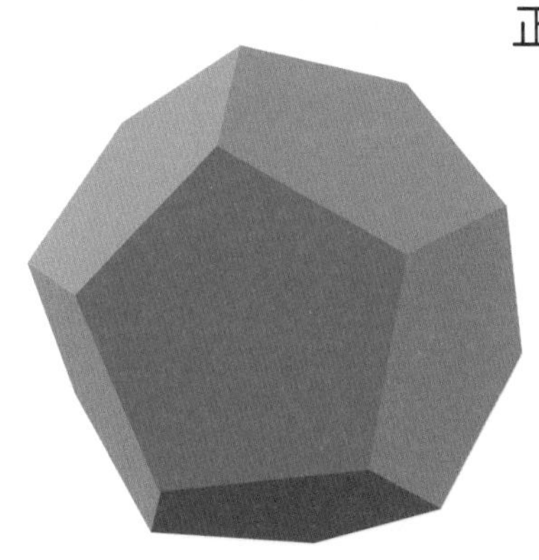

正十二面體

三維幾何體，具有 12 個面，每個面均為正五邊形。正十二面體有 30 條棱和 20 個頂點。

合適的形狀

幾何學可以幫助我們「找」到物件最合適的形狀。想像一下，你踢一個立方體形狀的「球」，當然很難將其踢出或傳給其他人！無論是人類設計的事物，還是自然界中進化的事物，我們周圍的形狀有些已經固定並且很完美了，有些還在不斷改進中。

漂亮的圖案

當很多幾何形狀組合起來，覆蓋整個平面或填充整個空間，而且它們之間不留空隙、也不重疊時，稱為「鑲嵌」。鑲嵌可以是裝飾性的，例如馬賽克；也可以是實用性的，例如將磚塊交疊起來，以增加牆的穩定性。

反射對稱

如果一個圖形可以被分割成兩個或多個相同的部分，我們稱這個圖形有反射對稱。如果是一個二維圖形，這條分割線稱為對稱軸。如果是一個三維幾何體，這條分割線稱為對稱面。對稱圖形可以有一條或多條對稱軸或對稱面這個平面是錐體的對稱面。

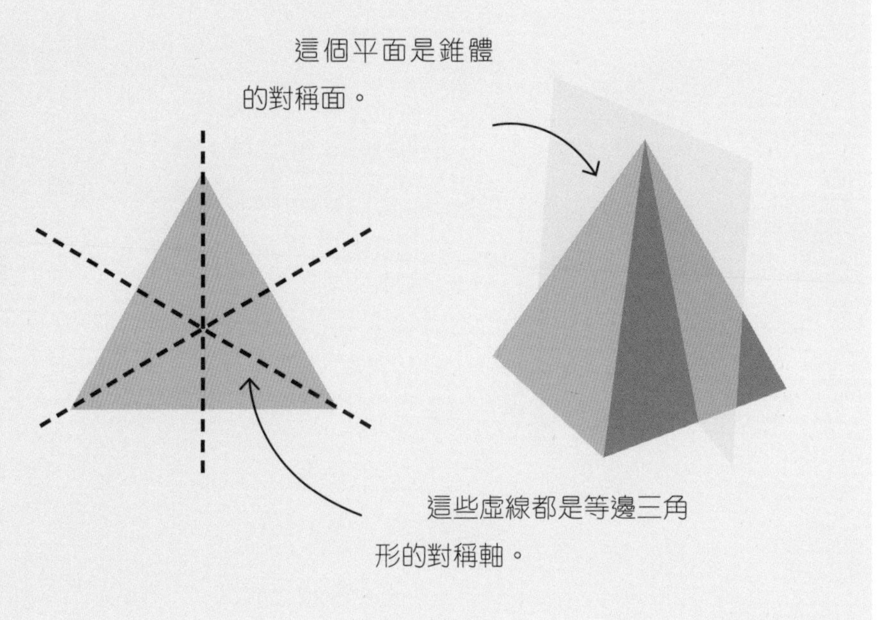

如何利用對稱性

如果一個二維圖形或三維幾何體可以被分割成兩個或更多個相同的部分，則可以說它具有對稱性。從一片花瓣到一片雪花，自然界中到處都可以看到對稱的事物。對稱的簡單性和有序性使它在視覺上更具有吸引力，因此藝術家、設計師和建築師經常將對稱性應用於設計中。

建築中的對稱性

建築師希望他們設計的建築物盡可能對稱。印度的泰姬陵從正面看是完全對稱的，從上方俯視也是如此。圍繞泰姬陵的四座大塔被稱為宣禮塔，它們與主體建築物遙相呼應。

旋轉對稱

當幾何圖形繞固定點旋轉一定的角度後，與初始的圖形重合，這種圖形就叫做旋轉對稱圖形。對於二維圖形，旋轉是圍繞一個點的轉動。對於三維幾何體，旋轉是圍繞一條直線（也稱為旋轉軸）的轉動。旋轉一周（360°）時出現相同形狀的次數稱為階次。

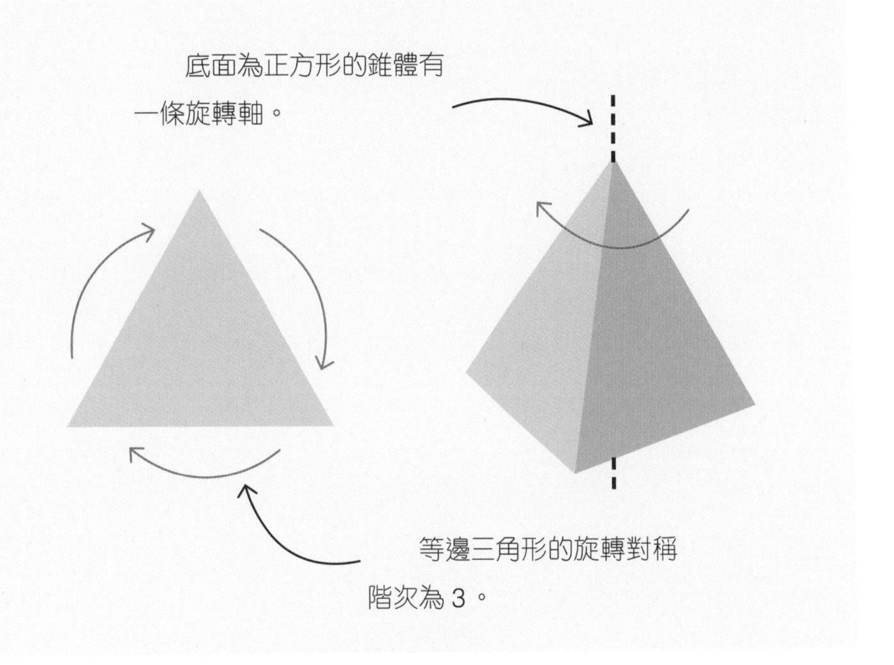

自然界中的對稱性

自然界中充滿了具有對稱性的事物。人體幾乎是對稱的；當水分子凝華成雪花時，會形成六角形的對稱冰晶；海星的旋轉對稱階次為 5，它們可以很自由地向不同的方向移動，便於尋找食物或受到威脅時逃跑。招潮蟹卻不是對稱的，它們沒有對稱面。

你知道嗎？

無限對稱性

圓形和球體都具有無限的反射對稱性和旋轉對稱性，因為它們是完全對稱的形狀。

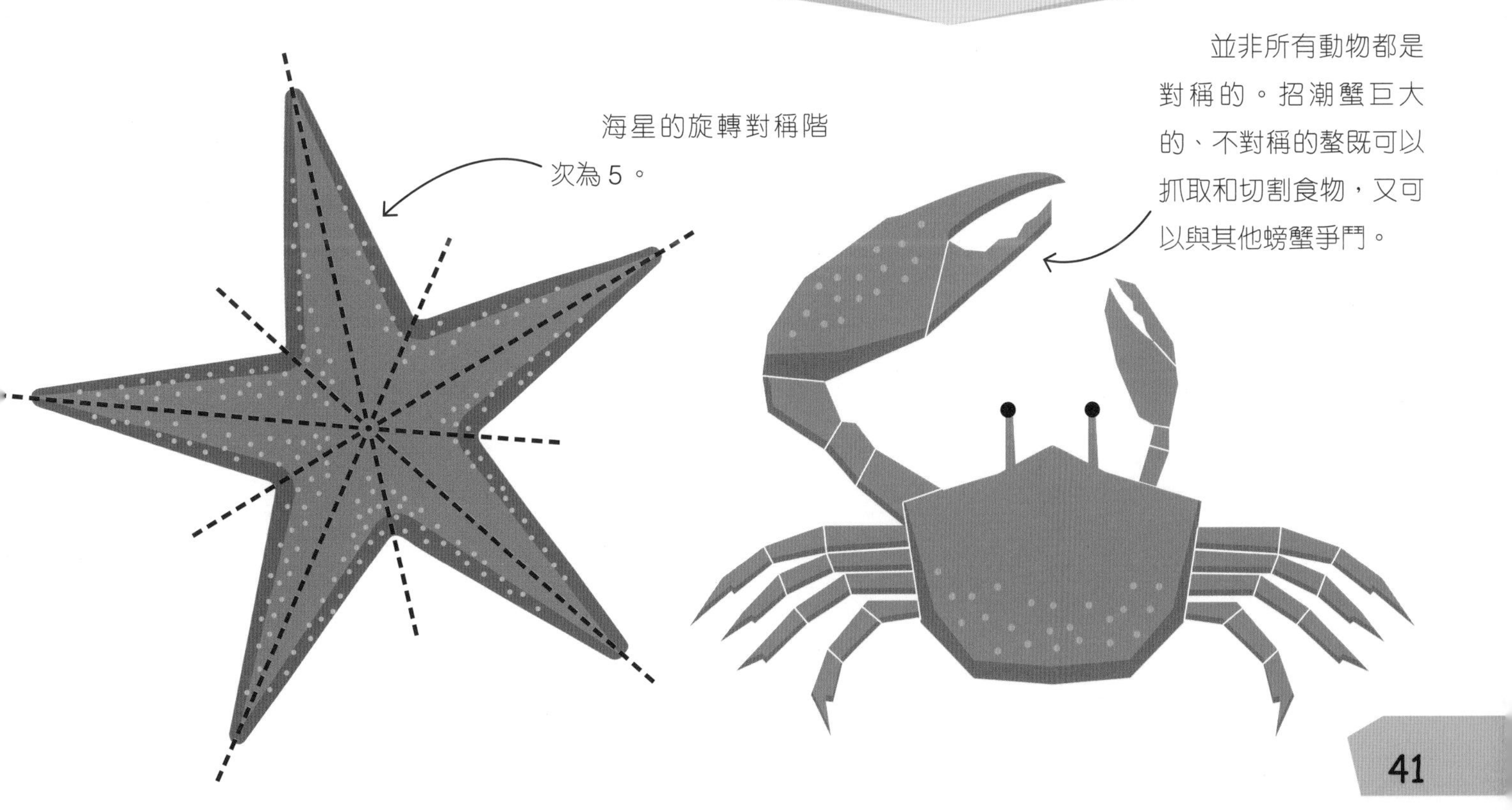

如何測量金字塔的高度

如果你的尺子不夠長，那麼該如何測量一個物體的高度呢？答案是利用直角三角形，這是人們在幾千年前就發現的方法。古埃及的胡夫金字塔用超過 230 萬塊石塊砌成，體積非常龐大。當古希臘數學家泰勒斯（Thales）於約公元前 600 年到訪埃及時，他詢問埃及祭司：胡夫金字塔究竟有多高？埃及祭司並沒有告訴他。因此，他決定自己尋找答案。

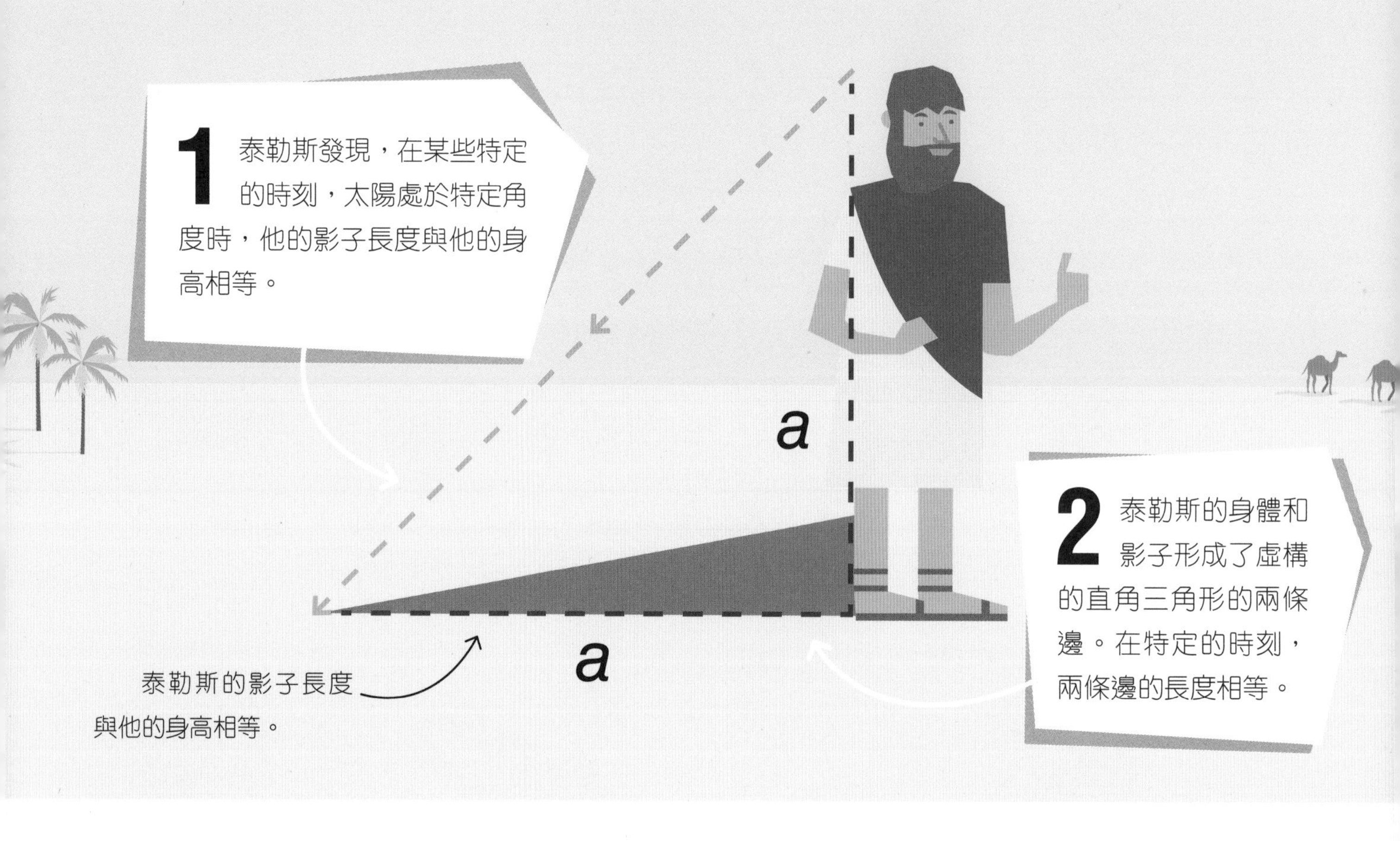

做數學題

直角三角形

泰勒斯的測量結果之所以正確，是因為太陽、他的身體和他的影子形成了一個虛構的直角三角形。直角三角形有一個 90° 的角，也就是直角；其他兩個角的和為 90°。如果三角形的兩個角相等，則兩條邊也一定相等。

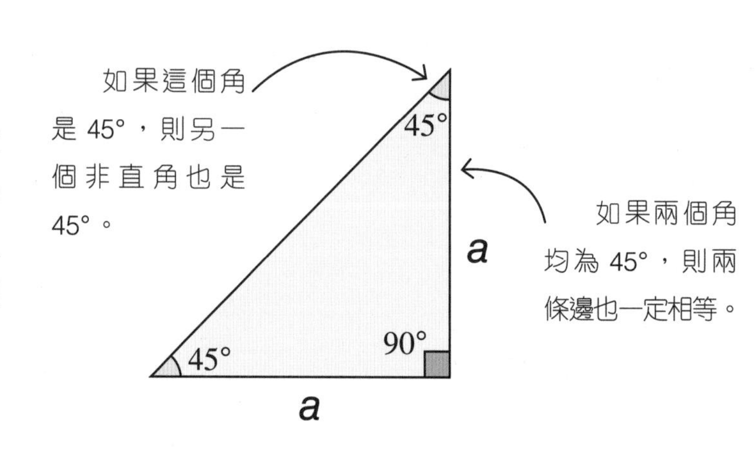

3 泰勒斯意識到，所有物體包括胡夫金字塔都有影子，能形成虛構的三角形的兩條邊。胡夫金字塔的高度是這個虛構的三角形的一條邊，另一條邊是它的影子長度加上底邊長度的一半。在特定的時刻，這兩條邊的長度相等。

無論何時，太陽的光線差不多都是平行的，這意味着光線以相同的角度照射泰勒斯和胡夫金字塔。

?

b

胡夫金字塔的側面是斜坡，因此我們需要用底邊長度的一半加上影子的長度。

4 虛構的三角形的這兩條邊相等，因此通過測量影子長度和胡夫金字塔底邊長度的一半，泰勒斯就可以算出胡夫金字塔的高度了。

當太陽光以 45° 照射時，光線形成三角形的斜邊。泰勒斯知道，這時其他兩條邊的長度（a）相等，也就是說，他的影子長度和他的身高相等。泰勒斯也知道，自己的身高是 2 步（古希臘的標準量度單位），或今天的 1.8 米。而他認為胡夫金字塔的情形也是一樣的。他測量了胡夫金字塔的影子長度，然後加上胡夫金字塔底邊長度的一半，得到總長度為 163 步，或 146.5 米，所以胡夫金字塔的高度為 146.5 米。

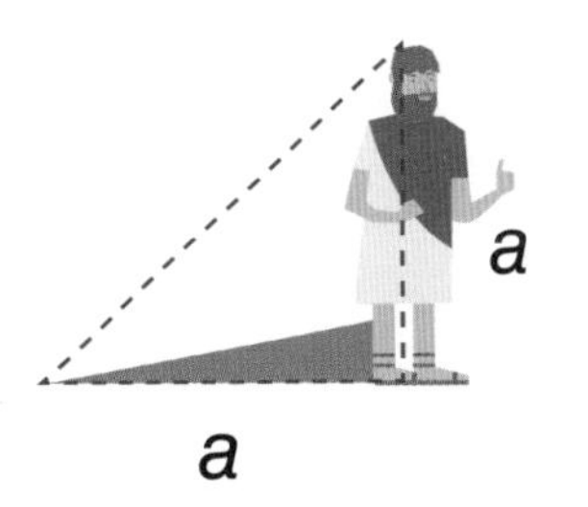

如果 $a = a$ 意味着 1.8 米 = 1.8 米。

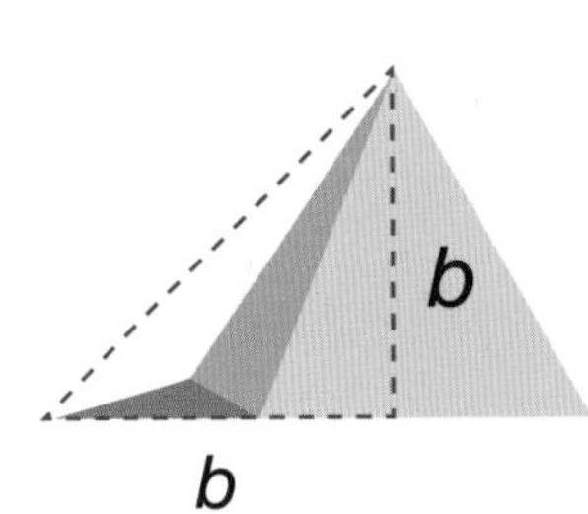

那麼 $b = b$ 就意味着 146.5 米 = 146.5 米。

相似三角形

後來，另一位古希臘數學家喜帕恰斯（Hipparchus）進一步發展了泰勒斯的思想。喜帕恰斯意識到，即使太陽光並非以 45° 照射，也能計算金字塔的高度。泰勒斯和喜帕恰斯發現，由人的高度和影子構成的虛構的三角形，和由金字塔和它的影子構成的虛構的三角形，實在是「相似三角形」。相似三角形的大小不一定相等，但它們具有相等的邊長比例和相等的角。

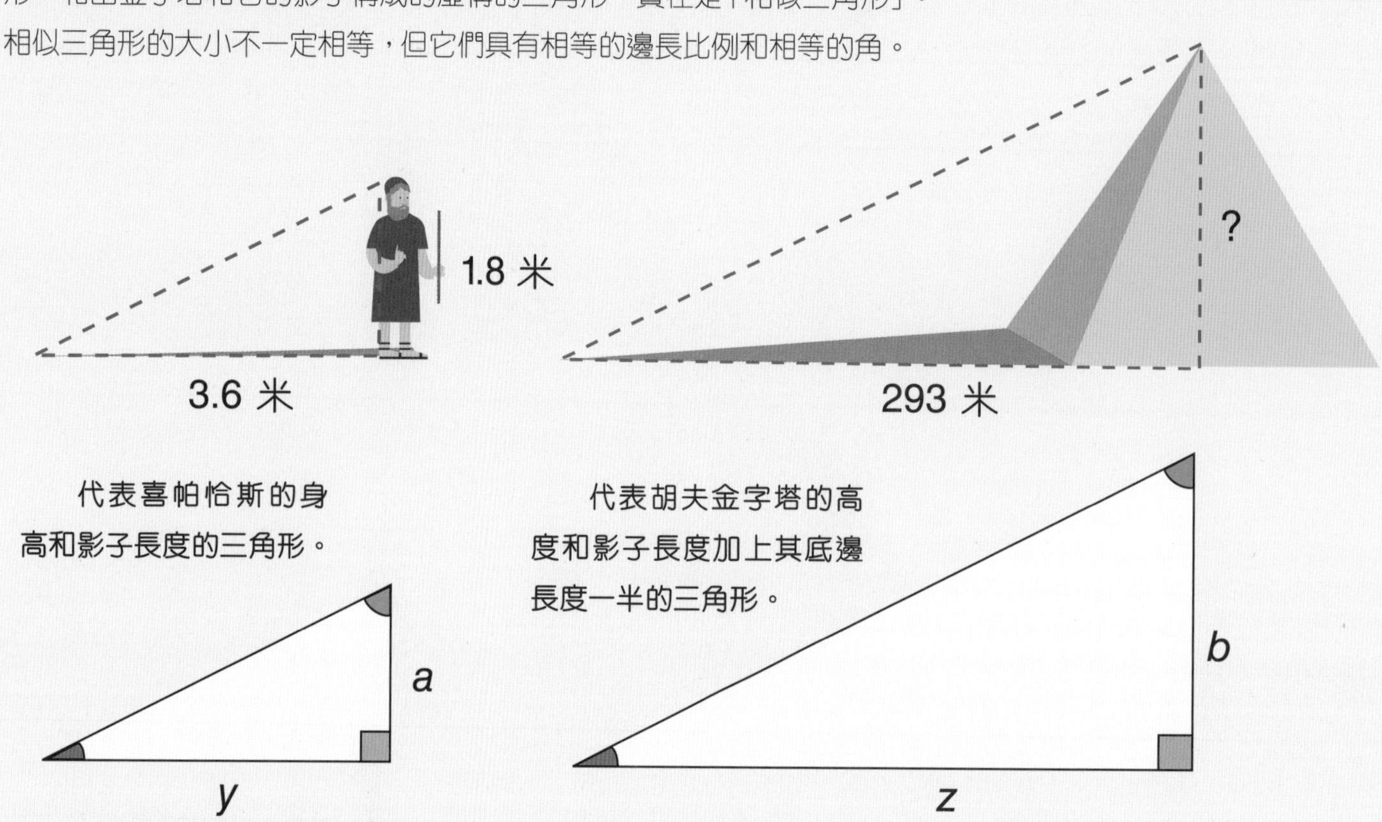

由於喜帕恰斯的虛構三角形與胡夫金字塔的虛構三角形是相似三角形，因此我們只要知道其中一個三角形的高度，就可以計算出另一個三角形的高度。

我們可以用公式計算胡夫金字塔的高度。這個公式顯示，在一天的同一時間，喜帕恰斯的身高 a 除以他的影子長度 y 等於胡夫金字塔的高度 b 除以它的影子長度加底邊長度的一半 z。

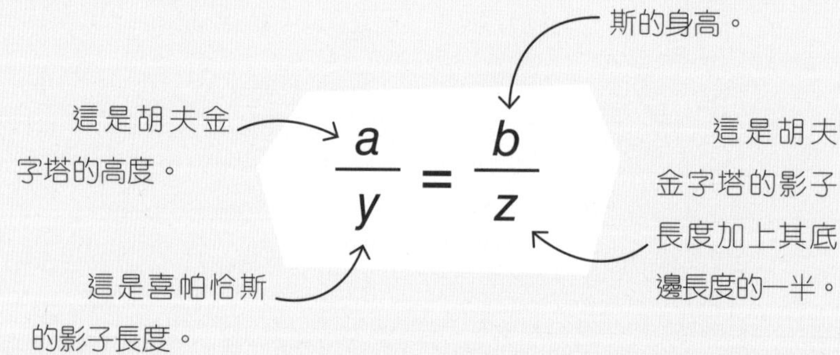

$$\frac{a}{y} = \frac{b}{z}$$

我們可以將這個公式變換形式，以計算未知數 b（胡夫金字塔的高度）。要計算 b，你需要用 a（喜帕恰斯的身高）除以 y（喜帕恰斯的影子長度），然後乘 z（胡夫金字塔的影子長度加上其底邊長度的一半）。

$$\frac{a}{y} \times z = b$$

$$\frac{1.8}{3.6} \times 293 = 146.5米$$

這是未知的胡夫金字塔的高度。

真實世界

手機三角定位法

如今，三角形仍用於測量距離。你手機所在的位置可以用「三角測量法」實現精確定位。一座信號塔可以知道你的手機距離它有多遠，但並不知道你在哪個方向。但是，如果三座不同的信號塔知道你的手機距離它們有多遠，並且每座信號塔都用它知道的距離為半徑畫一個圓，則三個圓的重疊部分就是你手機所在的位置。

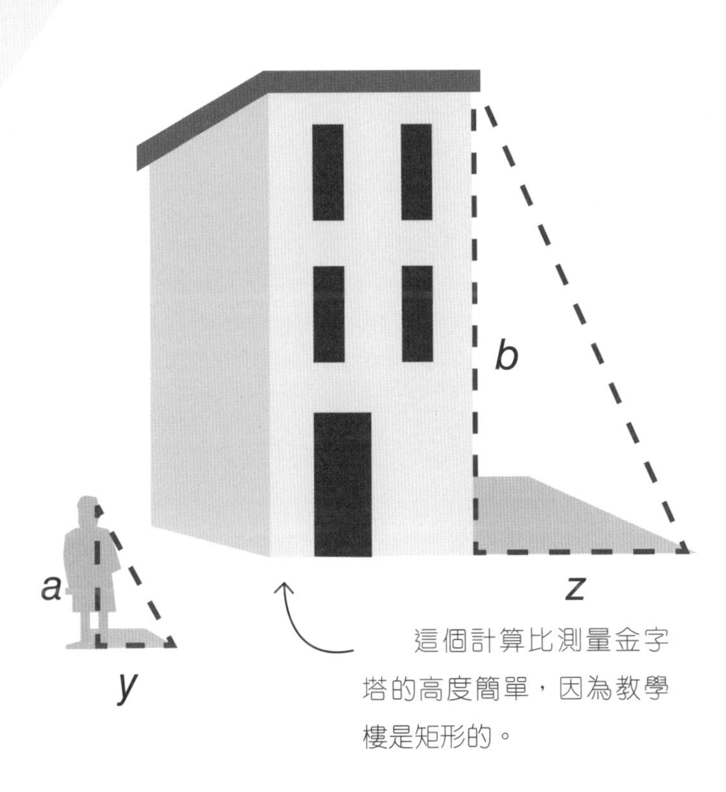

這個計算比測量金字塔的高度簡單，因為教學樓是矩形的。

試試看

測量你的學校

在陽光明媚的一天，學校教學樓的影子是 4 米長，而你的影子是 0.5 米長。如果你的身高是 1.5 米，那麼教學樓有多高？

將這些數字代入公式中。

$$b = \frac{a}{y} \times z = \frac{1.5}{0.5} \times 4 = 12\text{米}$$

因此，教學樓的高度是 12 米。

現在，你可以試一試測量自己家房子的高度。

這個計算比測量金字塔的高度簡單，因為教學樓是矩形的。

你知道嗎？

利用三角形來測量

喜帕恰斯是一位出色的地理學家、天文學家和數學家，被稱為「三角學之父」。三角學是數學的一個分支，主要研究怎樣利用三角形量度東西。如今，從設計建築物到太空研究，很多領域都在運用三角學。

如何測量土地面積

在古埃及，尼羅河兩岸每年都會發生洪災。洪水之後，農民的田地被沖毀。他們需要找到一種方法來確保每位農民都能得到與發生洪水之前面積相同的土地，但是他們該如何測量呢？

1 尼羅河是古埃及人的生活中心。每次洪水爆發都帶來富含礦物質的淤泥，在一定程度上改善了農田的土質，但這也讓找出每位農民擁有哪些土地變得非常困難。

做數學題

計算面積

通過將繩子拉成直角三角形的辦法，古埃及人便可以算出每塊土地的面積。這種方法有助於他們進行精確的測量。

5

3

4

繩結增加了測量的準確性。

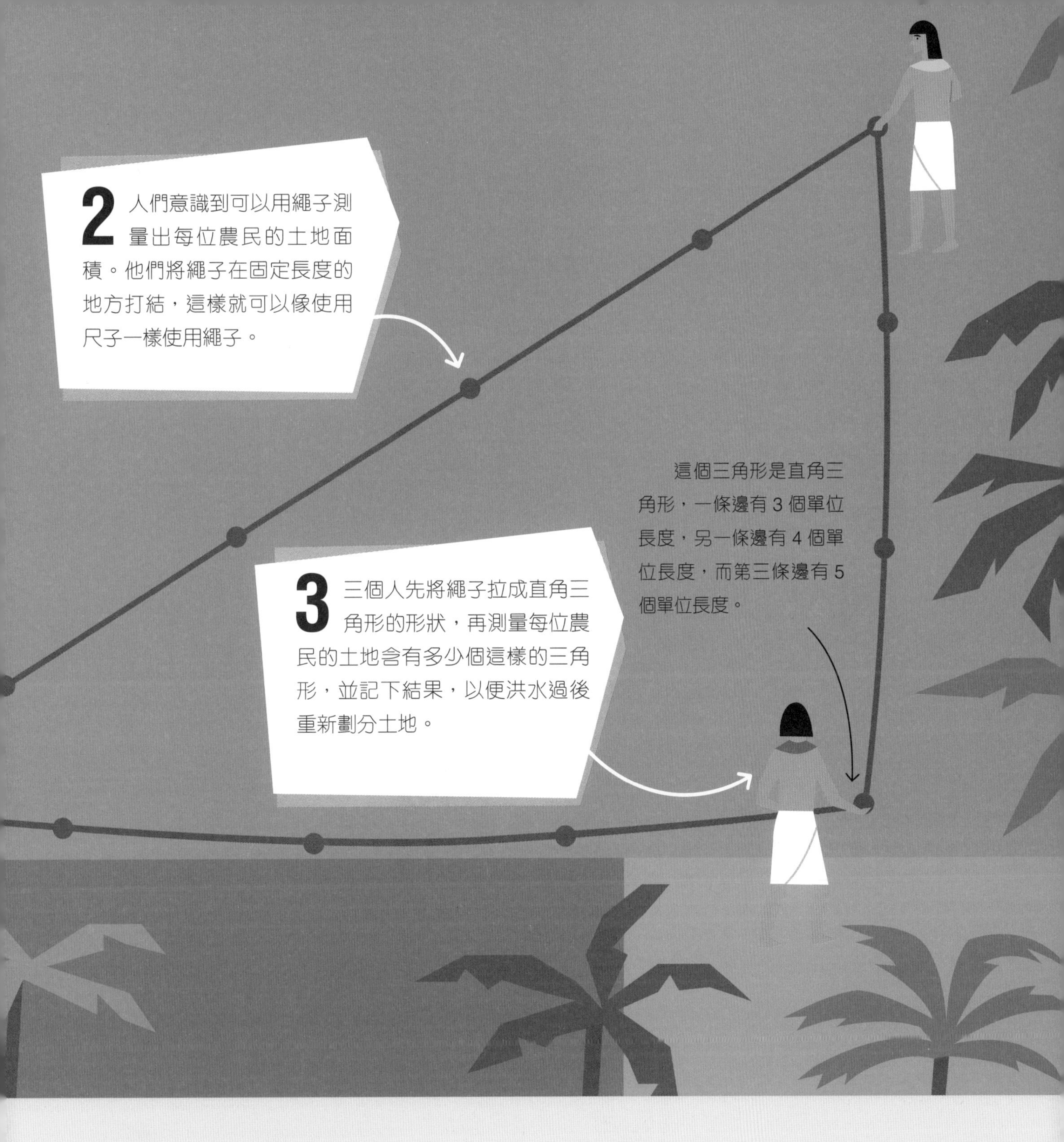

古埃及人知道，要得到三角形的面積，需要將底邊長乘高度，再除以 2。因此，如果每兩個繩結之間的長度均為 1 個單位，則：

$$三角形面積 = \frac{4 \times 3}{2}\ (單位^2)$$

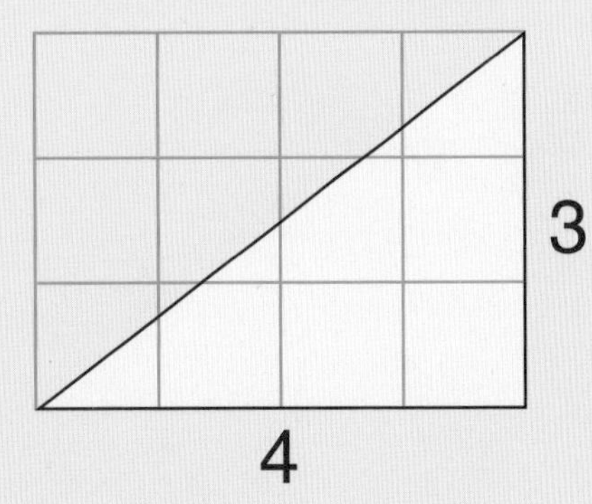

他們知道每個三角形有 6 個平方單位，可以將所需數目的三角形拼湊在一起，就能測量出每位農民在發生洪水之前所擁有的土地面積。

三角形與矩形

矩形的面積是用長乘寬來計算的。如果一個三角形的高和底邊長與一個矩形的寬和長分別相等，那麼這個三角形的面積是這個矩形面積的一半。

矩形面積 ＝ 長 × 寬

$5 \times 4 = 20$（厘米 ^{2}）

4 厘米

5 厘米

三角形面積 ＝ $\frac{（底邊長 \times 高）}{2}$

$\frac{5 \times 4}{2} = 10$（厘米 ^{2}）

4 厘米

5 厘米

這個公式也適用於非直角三角形。

平行四邊形

平行四邊形是具有兩對平行邊的四邊形。要計算平行四邊形的面積，你需要用底邊長乘高，就像計算矩形或正方形的面積一樣。

3 厘米

4 厘米

完整的正方形

平行四邊形面積 ＝ 底邊長 × 高

$4 \times 3 = 12$（厘米 ^{2}）

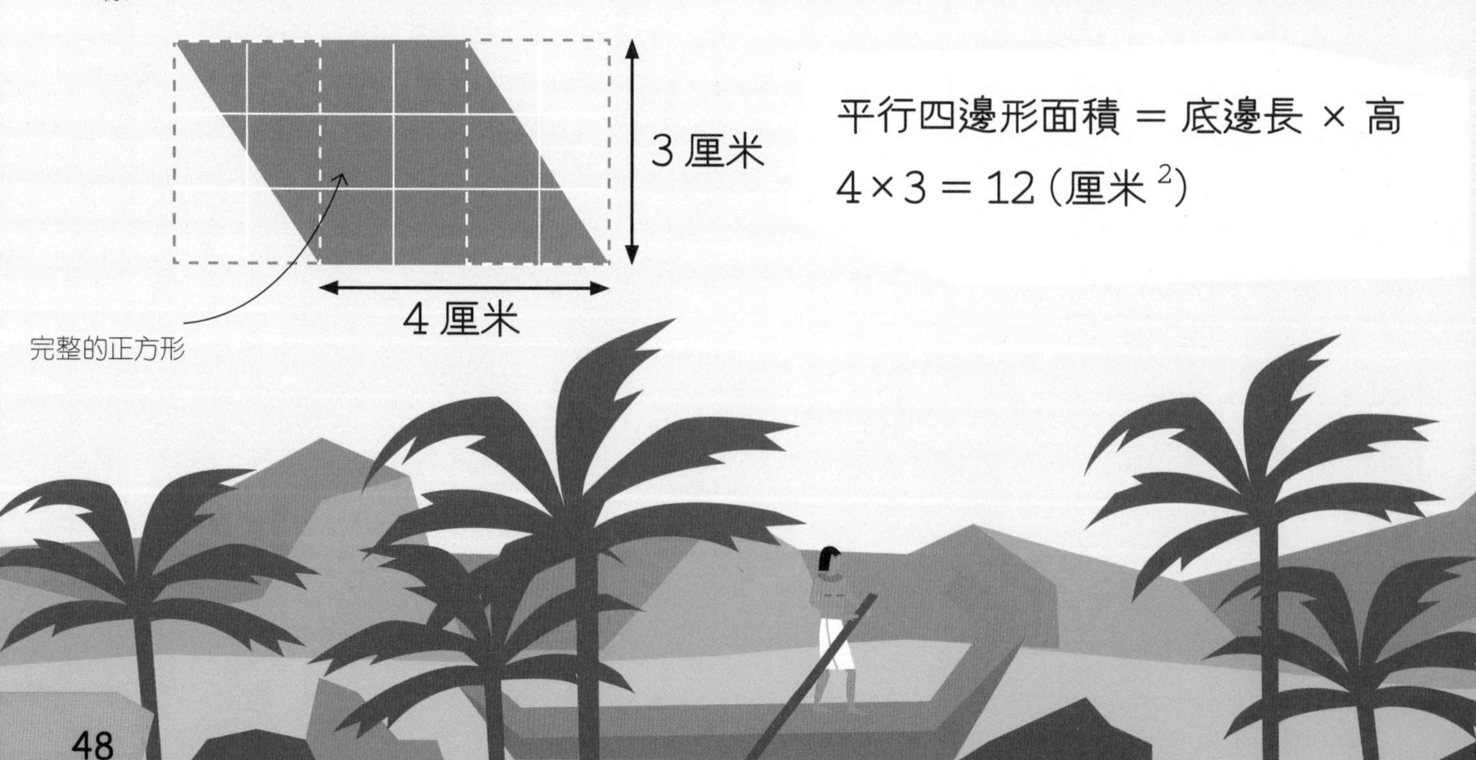

估算不規則圖形的面積

如果需要計算比三角形或矩形更複雜的圖形的面積，該怎麼辦呢？如果這個圖形有直邊，則可以將它劃分為直角三角形，然後計算出每一部分的面積，再將這些面積相加，就像古埃及人那樣。如果它是一個不規則圖形，則可以在上面繪製出大小大致相同的規則圖形，然後數出有多少個規則圖形。

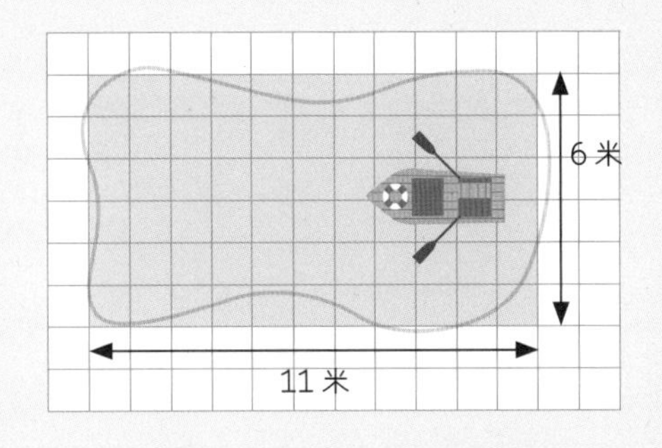

面積 = 6 × 11
　　= 66（米 ^{2}）

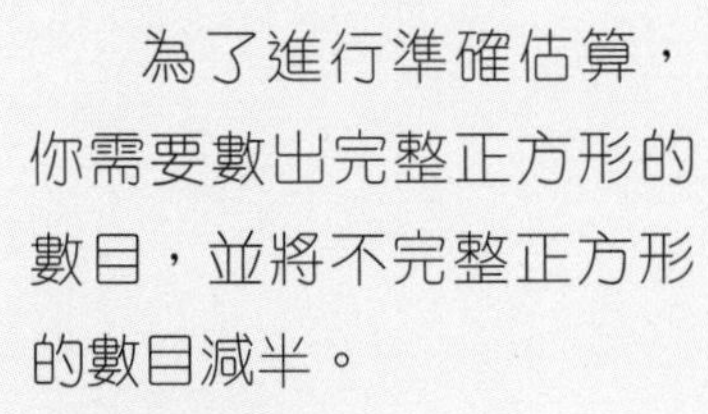

為了進行準確估算，你需要數出完整正方形的數目，並將不完整正方形的數目減半。

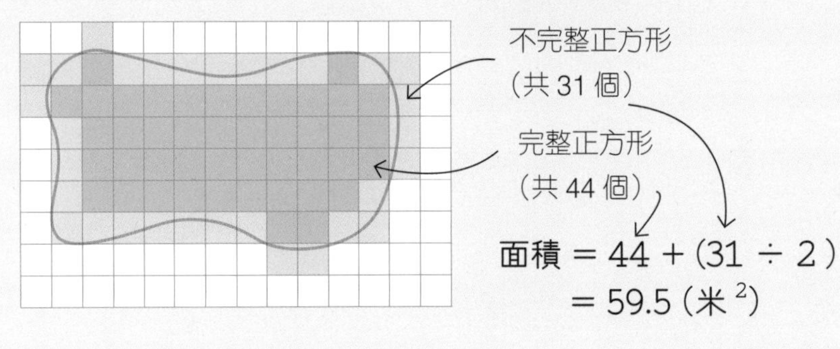

面積 = 44 +（31 ÷ 2）
　　= 59.5（米 ^{2}）

試試看

房間的面積

現在你需要計算為一個地面形狀不規則的房間製作地毯的費用。房間的尺寸如右圖。如果鋪 1 平方米地毯要花費 20 元，請計算鋪滿整個房間的費用是多少。

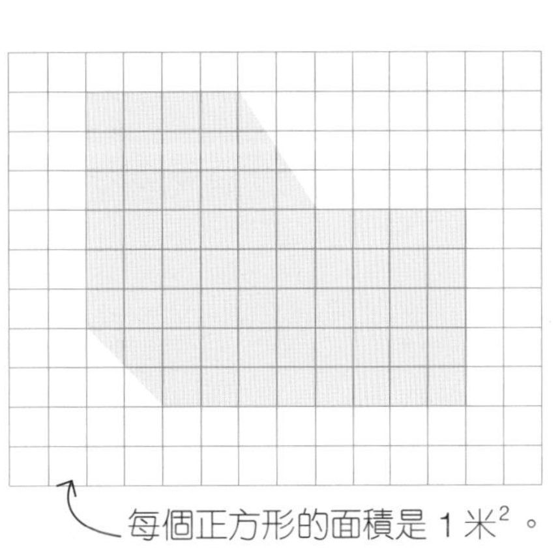

每個正方形的面積是 1 米 ^{2}。

先將房間劃分成一些簡單的圖形，然後算出每個圖形的面積。

綠色三角形 = 3 × 2 × 1 = 3（米 ^{2}）

黃色三角形 = 2 × 2 × 1 = 2（米 ^{2}）

橘黃色矩形 = 5 × 6 = 30（米 ^{2}）

藍色矩形 = 6 × 4 = 24（米 ^{2}）

粉紅色正方形 = 2 × 2 = 4（米 ^{2}）

總面積 = 63（米 ^{2}）

總花費 = 63（米 ^{2}）x 20 = 1,260（元）

現在測量你的臥室的面積，然後根據例子中每平方米地毯的價格，計算一下鋪地毯的費用是多少。

如何測量地球的周長

約公元前 240 年，一位名叫埃拉托色尼（Eratosthenes）的學者讀了一則有關太陽光每年只有一次機會在井底的水面反射的故事後，便開始思考太陽光如何在每個時刻以不同的角度照射到世界上的不同地方。他意識到只要掌握兩個關鍵信息，就可以估算出地球的周長。令人驚訝的是，那是在數千年之前，現代的高科技工具還沒有出現的時候，埃拉托色尼卻能以驚人的準確性估算出了地球的大小。

1 傑出的數學家和地理學家埃拉托色尼是古埃及著名的亞歷山大城圖書館的館長。有一天，他在一本書中讀到了一則每年僅在短暫時間發生在埃及南部的奇怪故事。

2 在每年夏至日的中午，太陽光線筆直地照射進賽伊尼鎮一口深井底部的水面，水面將光線反射回去。在那個時刻，太陽正好在那口深井的正上方。

3 埃拉托色尼開始思考，在他居住的亞歷山大城，太陽也會正好出現在頭頂上方嗎？於是，在那一年的夏至日，他將一根長杆立在地上，然後等待中午的到來。長杆有一點兒影子，這意味着太陽光線是以一定的角度照射地面的。

他測量了長杆的高度和影子的長度，然後畫了一個三角形，得出太陽光線的角度是 7.2°。

埃拉托色尼知道地球是一個球體，而不是平面，因此他意識到，這就是角度不同的原因。但是他還需要另一個數據。

埃拉托色尼知道，太陽光線能平行地照射地球，是因為太陽距離地球非常遠。

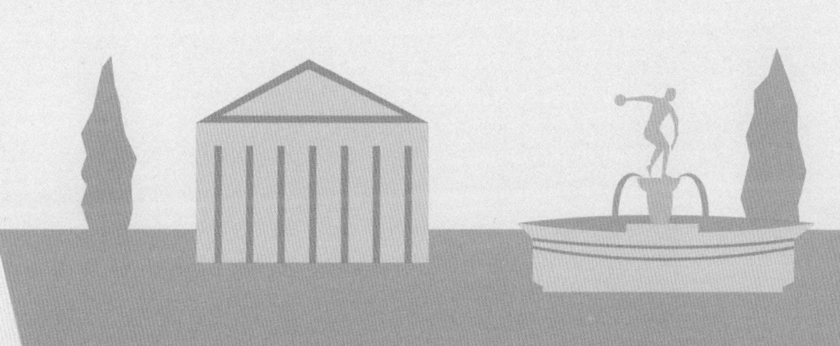

亞歷山大與賽伊尼之間的距離大約為 800 公里。

4 在古埃及，各地之間的距離是由專業測量員測量的。埃拉托色尼查到了賽伊尼和亞歷山大之間的距離，這樣他就知道了計算地球周長所需的全部數據……

專業測量員用長度相同的步伐來提高測量的準確性。

角度與扇形

有了測量數據，埃拉托色尼就可以利用他對角度和扇形的了解計算出地球的周長。

太陽光線以平行的方式照射地球，因為太陽距離地球非常遠。

在亞歷山大，長杆的影子顯示太陽光線的角度為 7.2°。

太陽光線

800 公里

在賽伊尼，太陽光線垂直射入井口。

角度

埃拉托色尼知道，當一條直線穿過一對平行線時，它與每條線形成的角度是相等的，這些角被稱為同位角。

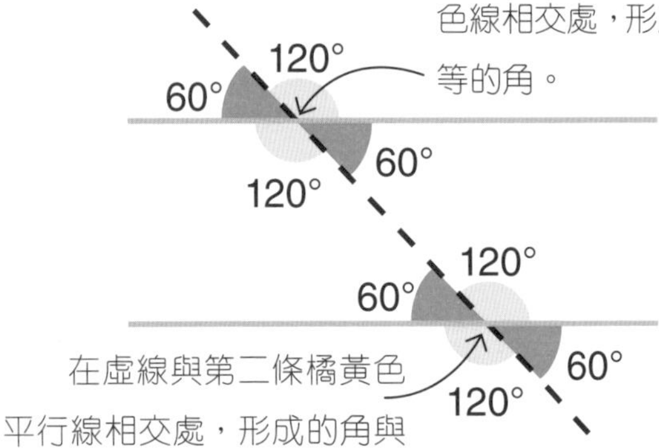

光線照射亞歷山大的長杆的角度為 7.2°。埃拉托色尼設想了兩條線，一條穿過他的長杆，另一條穿過賽伊尼的深井，最終在地球中心相交。這兩條假想線以 7.2° 的角度相交，與太陽光線照射長杆的角度相同。因此，地心、亞歷山大和賽伊尼三點之間形成了一個角度為 7.2° 的扇形。

扇形

當從圓心射出的兩條直線與圓周相交時，被這兩條直線所截的圓周部分（稱為圓弧）與這兩條直線形成的閉合形狀就是扇形。你可以把它想像成一塊比薩餅！將一塊比薩餅的角度與整個比薩餅相比較，看看整個比薩餅可以分成多少塊相同的比薩餅，就可以得出一塊比薩餅的大小！同理，你可以將扇形的角度與整個圓的角度（360°）進行比較，就會得出扇形的大小。

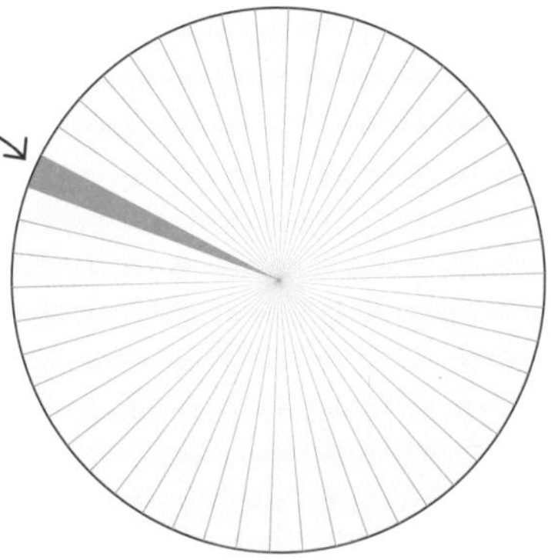

這段圓弧（地球表面上兩個城市之間的距離）與延伸到地球中心的兩條直線，構成了一個扇形區域。

最後的計算

埃拉托色尼知道地球是一個球體，因此地球的圓周是一個圓形，圓周有 360°。他要做的就是計算亞歷山大與賽伊尼之間的距離與地球的周長的比例。為此，他用 360 除以 7.2。

$$360 \div 7.2 = 50$$

這意味着兩個城市之間的距離是地球周長的 1/50 。因此，當他查出兩個城市之間相距 800 公里時，便用這段距離乘 50 。

$$800 \text{ 公里} \times 50 = 40{,}000 \text{ 公里}$$

隨着科學技術的發展，現在我們知道地球的精確圓周長為 40,076 公里，然而在當時，埃拉托色尼的計算結果已經非常接近精確值！

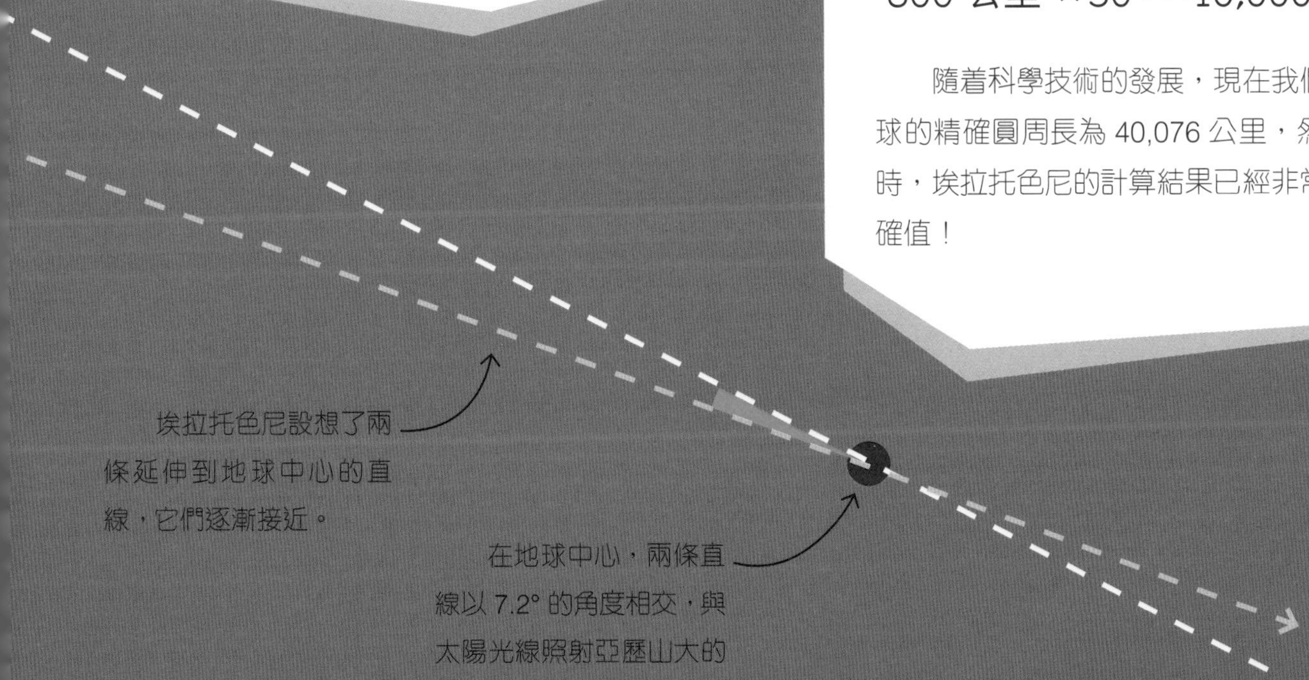

埃拉托色尼設想了兩條延伸到地球中心的直線，它們逐漸接近。

在地球中心，兩條直線以 7.2° 的角度相交，與太陽光線照射亞歷山大的長杆的角度相同。

地球的橫截面

如何計算圓周率

想像一個圓形，無論是紐扣那樣的小圓形，還是太陽那樣的大圓形，用圓周的長度（圓周長）除以從一側到另一側通過圓心的距離（直徑），答案永遠是 3.14159……這個數字是無限的，我們稱之為「圓周率」，用符號“π”表示。“π”是希臘語圓周長的第一個字母。圓周率在涉及圓形或曲線的問題時非常重要。

圓周率是甚麼？

圓周的長度稱為圓周長（c），而從圓周上的兩點通過圓心的距離稱為直徑（d）。圓周率的值永遠不變，因為直徑和圓周長之間的比例永遠相同，當其中一個量增大時，另一個量也按比例增大。

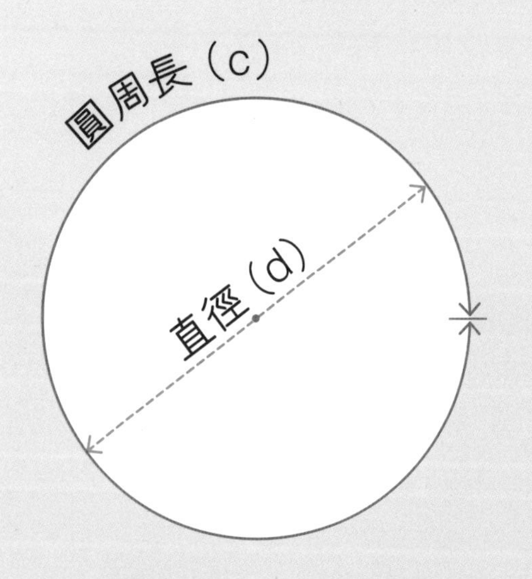

$$\frac{\text{圓周長}}{\text{直徑}} = \pi = 3.14159...$$

你知道嗎？

太空與圓周率

從行星的運行到太空航行計劃，甚至在計算宇宙大小的過程中，圓周率都是必不可少的，它對於幫助人類了解外太空非常有用。

自然界中的圓周率

英國數學家艾倫・圖靈（Alan Turing）在 1952 年發表了一篇論文，提出了描述自然界中的圖案如何形成的數學方程式。他表明圓周率在描述諸如豹子的斑點、斑馬的條紋以及植物葉子的分佈等圖案中也起了作用。

無理數圓周率

圓周率是一個無理數，這意味着它不能用分數表示。它的小數部分有無限位數，沒有任何重複或規律。計算圓周率的程序可以一直運行下去，因此這個過程常常被用於測試電腦處理指令的速度和能力。

2019 年，圓周率被計算到小數點後的 31,415,926,535,897 位。

3.141592653589793238462643383279
5028841971693993751058209749445
923078164062862089986280348253421170679821
480865132823066470938446095505822317253594
08128481117450284102701938521105559644622948
95493038196442881097566593344612847564823378678316
527120190914564856692346034861045432664821339360726
02491412737245870066063155881748815209209628292540
917153643678925903600113305305488204665213841469519415116094
33057270365759591953092186117381932611793105118548074462379
9627495673518857527248912279381830119491298336733624406566
4308602139494639522473719070217986094370277053921717629317
67523846748184676694051320005681271452635608277857713427577896091 7
3637178721468440901224953430146549585371050792279689258923542019956
112129021960864034418159813629774771309960518707211349999998372978 04
9951059731732816096318595024459455346908302642522308253344685035261
931188171010003137838752886587533208381420617177669147303598253490428755468
73115956286388235378759375195778185778053217122680661300192787661119590921642019893809525720...

如何計時

　　如果你不知道現在是何年何月，那你就不知道莊稼的最佳種植時間和收割時間，或甚至不知道一天還有多久才結束。如今，我們知道地球自轉一周為一天，一天有 24 個小時。地球繞太陽轉動一周大約為 365 天零 6 個小時，稱為一年，我們用月、日來表示一年中的時間。

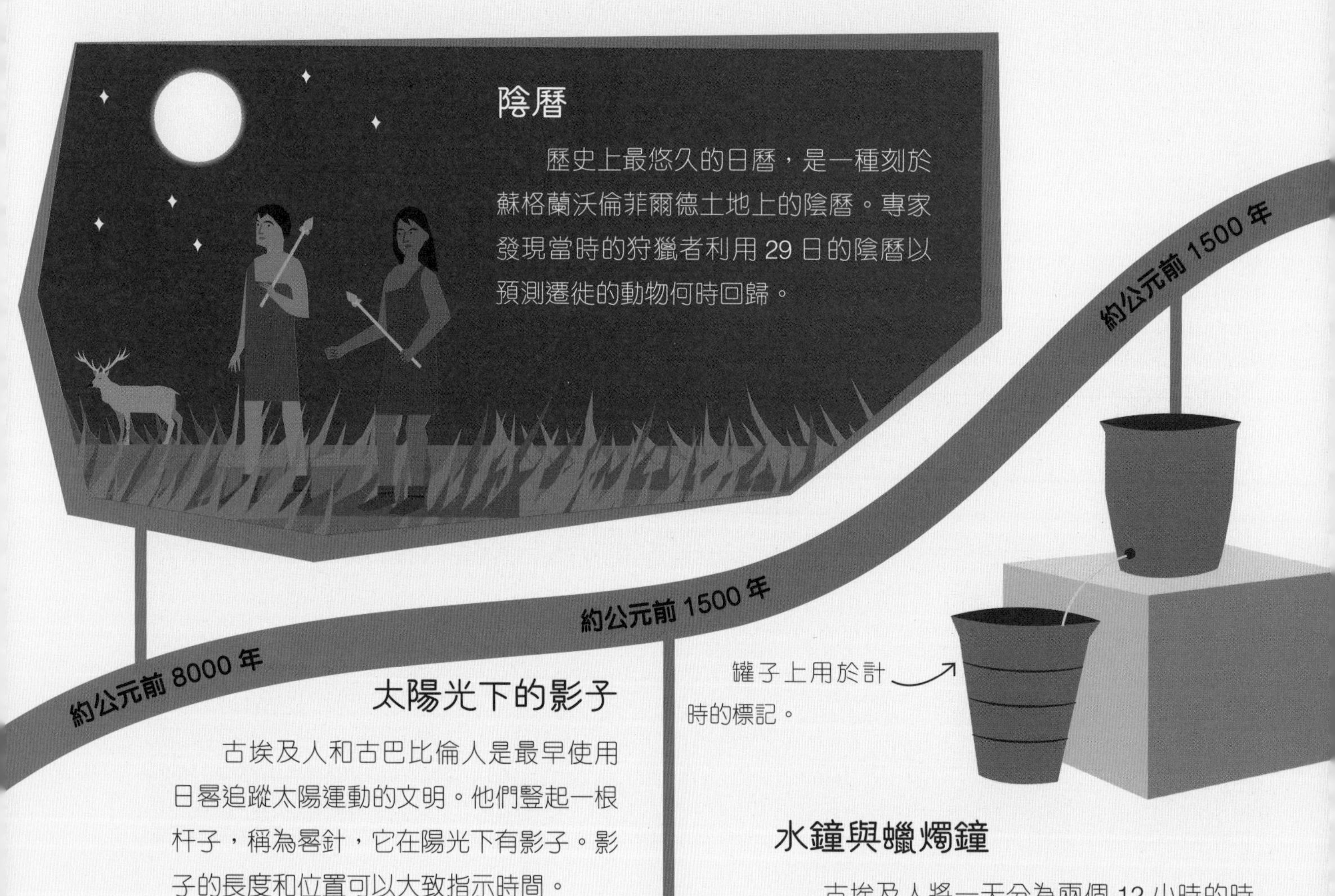

陰曆

　　歷史上最悠久的日曆，是一種刻於蘇格蘭沃倫菲爾德土地上的陰曆。專家發現當時的狩獵者利用 29 日的陰曆以預測遷徙的動物何時回歸。

太陽光下的影子

　　古埃及人和古巴比倫人是最早使用日晷追蹤太陽運動的文明。他們豎起一根杆子，稱為晷針，它在陽光下有影子。影子的長度和位置可以大致指示時間。

日晷在多雲的天氣或晚上沒有用。

水鐘與蠟燭鐘

　　古埃及人將一天分為兩個 12 小時的時間段，並讓水從一隻大罐子中持續不斷地慢慢排入另一隻大罐子中，以記錄每個時間段。很久以後，在中國和日本，人們使用蠟燭鐘，也就是用燃燒的蠟燭而不是流水來記錄時間。

瑪雅曆

古瑪雅人對時間十分着迷，並制定了一些非常準確的曆法。瑪雅曆實際上是一套三個相互關聯的曆法：以 260 天為周期的卓爾金曆，以 365 天為周期的哈布曆和以 1,872,000 天為周期的長紀曆。瑪雅人相信長紀曆的周而復始意味着世界末日的到來和人類的重生。

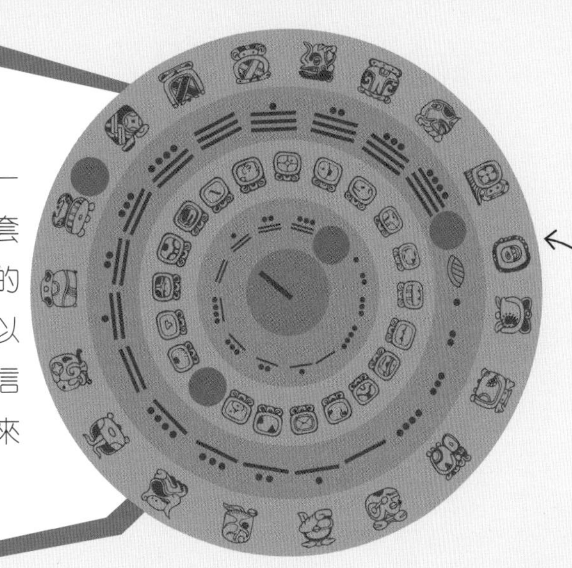

每過 52 年，卓爾金曆和哈布曆就會再次同步，這個周期稱為「曆法循環」。

伊斯蘭教曆

伊斯蘭教曆是根據月相圓缺變化的周期制定的曆法。伊斯蘭教曆每年有 12 個月，每個月有 29~30 天。以先知穆罕默德遷徙麥加那的那一年歲首為伊斯蘭教曆紀元元年元旦。

約公元前 500 年

公元前 45 年

622 年

約 750 年

儒略曆

儒略・凱撒（Julius Caesar）改革了羅馬曆，使之與季節同步。按照他的儒略曆，一個太陽年為 365 天零 6 個小時，一年分為 12 個月，共 365 天。因為多出來 6 個小時，所以每四年中有一年為 366 天，稱為「閏年」。

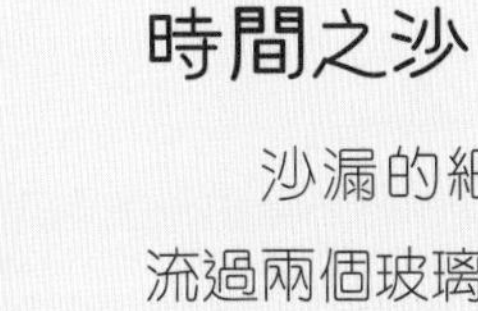

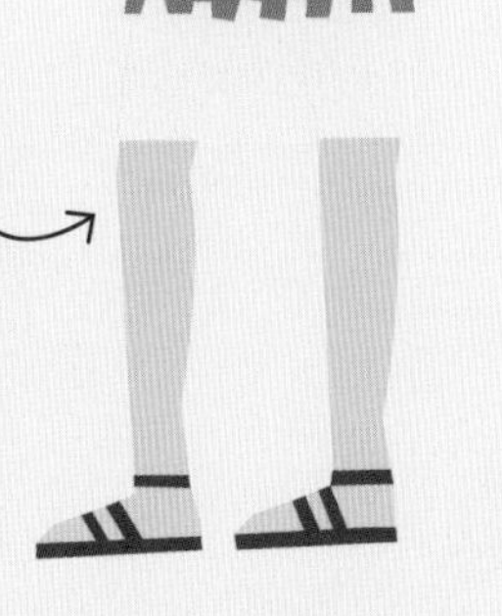

儒略・凱撒去世後，他出生的七月份被稱為 “July”。後來，八月份以凱撒的繼承人奧古斯都（Augustus）的名字為詞源，被稱為 “August”。

時間之沙

沙漏的細沙以恆定的流速流過兩個玻璃泡之間的細頸，以此來準確地記錄時間。沙漏被認為是在公元 8 世紀時發明的，但直到幾個世紀後，沙漏才在航船上廣泛使用，因為它不會像水鐘一樣溢出或凍結。

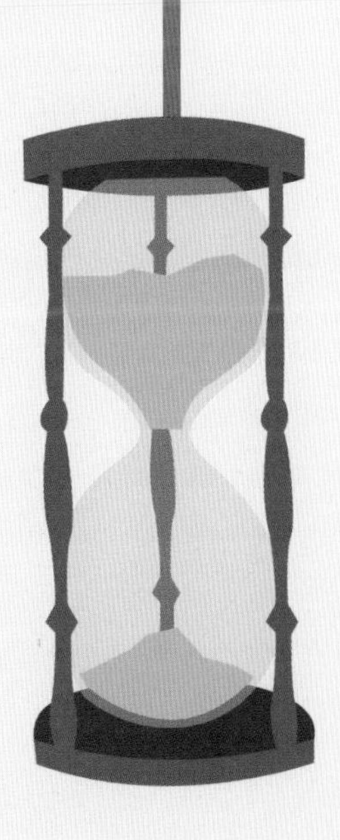

機械鐘

機械鐘在過了一段時間後才真正出現。最早的機械鐘是中國發明家張思訓發明的。張思訓在中國早期鐘表匠的工作基礎上，發明了一種名為「擒縱器」的裝置，它可以有節奏地來回轉動，使天文鐘以固定的節奏「嘀嗒嘀嗒」地記錄時間。

擺鐘以擺的精確擺動頻率來記錄時間。

擺鐘

荷蘭科學家克里斯蒂安・惠更斯（Christaan Huygens）製作了第一台擺鐘（擺是一根杆，一端固定，另一端有擺錘）。它配合時鐘的擒縱器，將計時的誤差從每天 15 分鐘減少到 15 秒鐘。

977 年

1582 年

1656 年

1761 年

公曆（格里曆）

意大利的教皇額我略十三世（Pope Gregory XIII）修正了每年約有 11 分鐘誤差的儒略曆。這次修正使時間向前跳了 10 天，因此 1582 年 10 月 4 日之後是 1582 年 10 月 15 日！眾所周知，公曆被人們普遍採納的進程非常緩慢，但它是當今世界上使用最廣泛的曆法。

經度的確定

英國發明家約翰・哈里森（John Harrison）發明了非常精確的航海天文鐘，它一天的誤差不超過 3 秒鐘。這為航海家們破解了一個長期難以解決的問題：測定緯度。利用航海天文鐘提供的精確時間，航海家可以計算船舶位置與陸地固定點的時間差，從而計算船舶的經度，也就是在東西向的相對位置。

革命！

在推翻路易十六國王（King Louis XI）的革命之後，法國進行了時間改革，於 1793 年 9 月開始採用新曆法。新曆法規定一年仍分為 12 個月，每個月 30 天，分為三週，每週 10 天。時鐘也更改為 10 小時制，每小時 100 分鐘，每分鐘 100 秒。這個曆法在 1805 年被棄用。

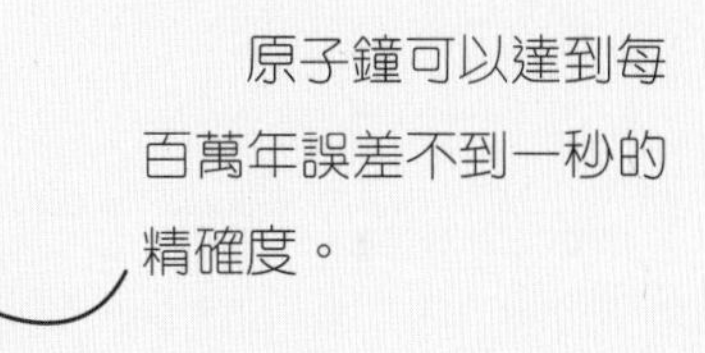

原子鐘可以達到每百萬年誤差不到一秒的精確度。

原子時間

原子鐘是所有鐘表中最精確的。它利用原子中電子的快速重複振動來記錄時間。大多數原子鐘使用銫元素作為原料。

1949 年

1927 年

現在

晶瑩剔透

加拿大工程師沃倫・馬里森（Warren Marrison）開發的石英鐘裝有齒輪，可以使時針和分針移動，不過它們是靠微小石英晶體的振動而不是靠擺錘振動調節的。石英鐘比當時的其他任何計時器都精確，每三年的誤差僅有一兩秒。

格林尼治標準時間

在鐵路出現之前，每個城鎮都有自己的時間，並在城鎮的時鐘上顯示。隨着鐵路的普及，旅行者需要知道出發時間和到達時間，所以需要一個標準時間。自 1847 年起，英格蘭和蘇格蘭鐵路時刻表統一採用格林尼治時間，以克服因為計時標準不同而為交通造成的混亂局面。

閏秒

每隔一段時間，我們的時間就會增加「閏秒」，以此抵銷地球自轉的不均勻性。現在大多數人都使用連接到互聯網的數碼設備來看時間，「閏秒」在數秒之內就被傳遞到全球數十億個計時儀器上，使之得到調節，因而不會對日常生活造成影響。

如何運用坐標系

如何描述臥室裏嗡嗡作響的蒼蠅的位置？這個問題困擾着 17 世紀的法國數學家和哲學家勒內・笛卡兒（René Descartes）。一天早上，他躺在牀上思考這個問題時，想到了坐標系。這是一個非常出色的系統，它使用數字來描述物體的位置。從天花板上的小蒼蠅到海上的大型船舶，甚至是太陽系中的行星，坐標系幾乎可以描述所有物體的位置。

做數學題

坐標系

笛卡兒使用坐標系中的兩個數字來描述一個物體的位置，也就是物體到原點的距離。第一個坐標是水平位置（從原點到左邊或右邊的距離），第二個坐標是垂直位置（從原點到上方或下方的距離）。

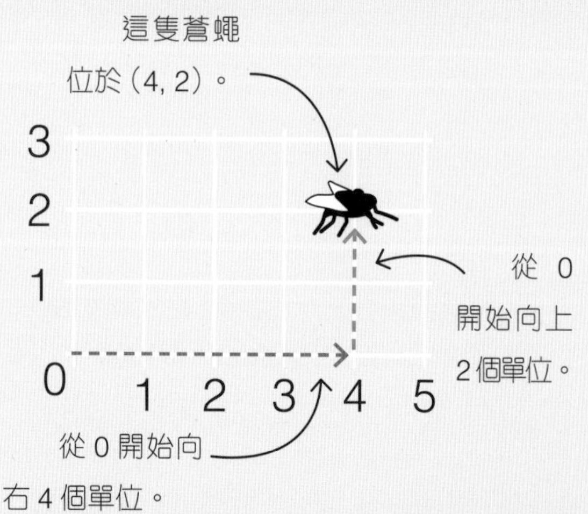

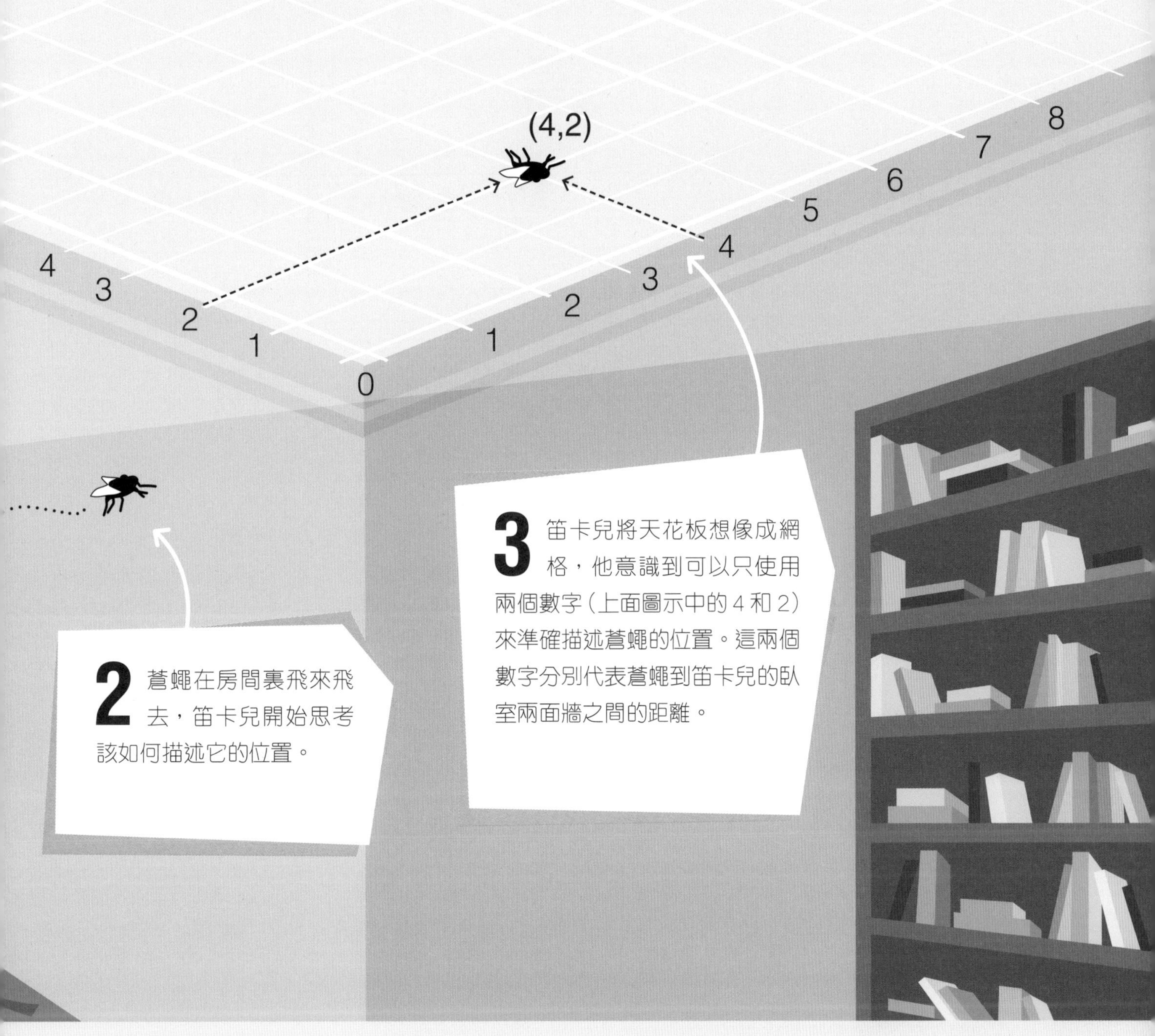

我們可以使笛卡兒假想的天花板網格更加完善，並使用坐標系來描述蒼蠅在天花板上的位置。在坐標系上，蒼蠅用點表示，水平線稱為 x 軸，垂直線稱為 y 軸。蒼蠅水平位置的數值稱為 x 坐標，而蒼蠅垂直位置的數值稱為 y 坐標。

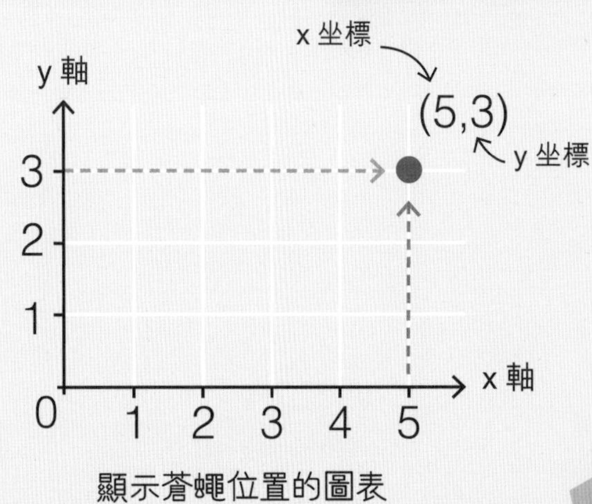

顯示蒼蠅位置的圖表

負坐標

但是，如何描述原點左邊或下邊的物體的位置呢？為此，你可以延伸 x 軸和 y 軸，使它們也包含負數。在 x 軸上，負數顯示在原點的左側。在 y 軸上，負數顯示在原點的下方。

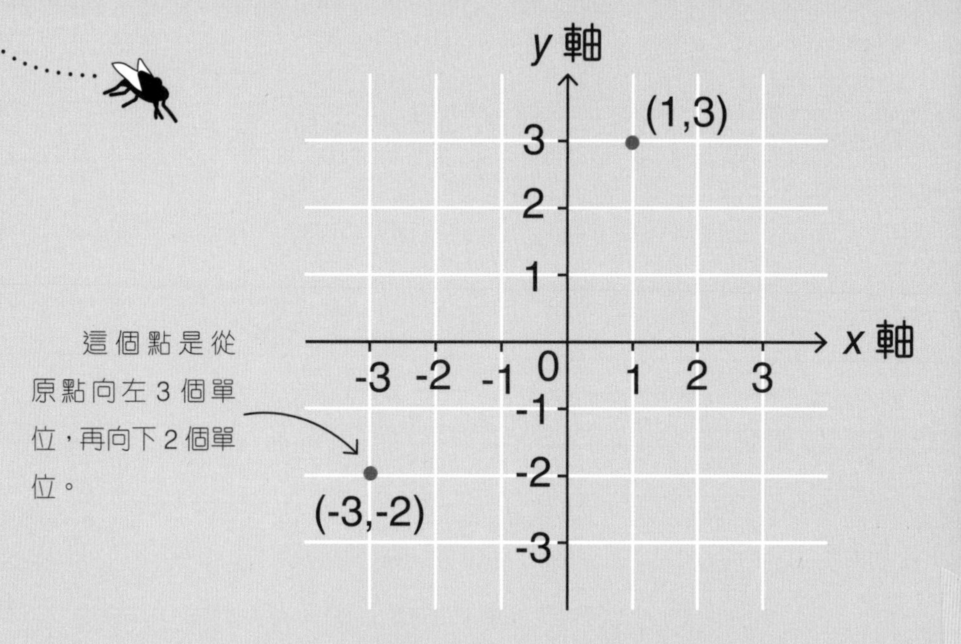

二維與三維

僅具有 x 軸和 y 軸的坐標系只適用於二維圖形。但是數學家有時會在坐標系上加一條線，代表第三維，稱為 z 軸。z 軸與 x 軸、y 軸在原點處相交。利用這個坐標系，數學家可以畫出三維物體在三維空間中的位置，例如一個房間中盒子的位置。

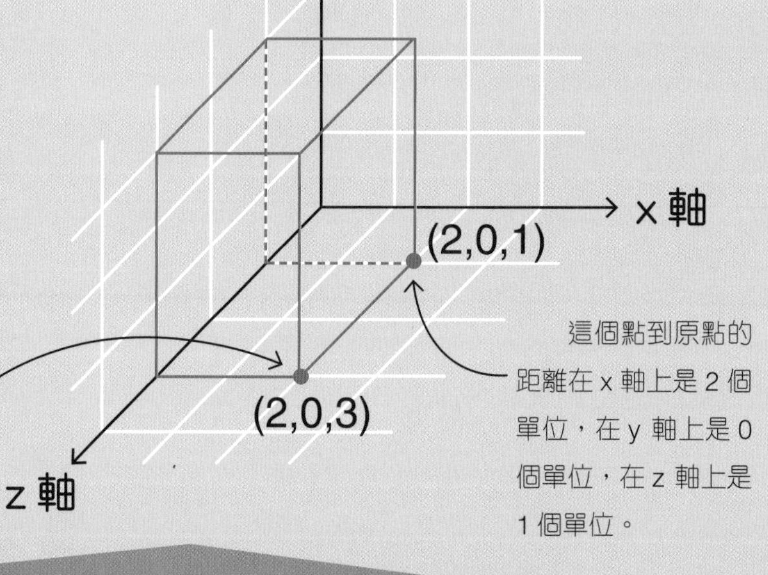

真實世界

考古挖掘

當考古學家進行挖掘時，他們會用繩子在現場做一個網格，然後使用網格坐標來準確記錄在挖掘過程中發現的各種文物的位置。

試試看

如何尋找失落的寶藏

這裏有一張藏寶地圖，它的背面有一個神秘的提示。請你按照這個提示，在地圖上畫出路徑，找到寶藏的位置。

從猴子海灘向西北上行，
你將到達雪山。
繼續向北到達洞穴，
然後向東南方前往海盜墓。
再向西南步行，
交叉處就是戰利品的埋藏地點。

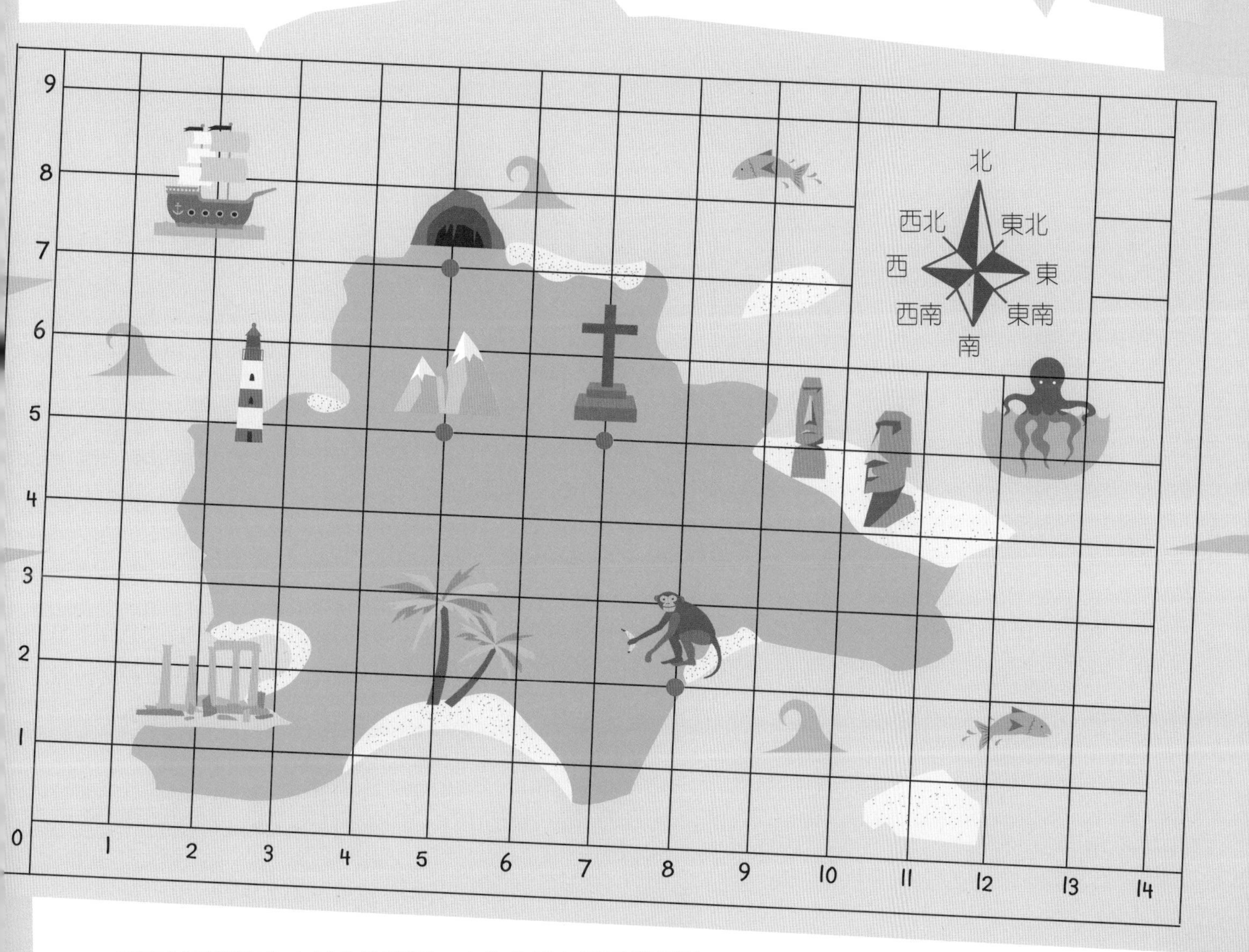

現在試着製作你自己的藏寶圖。向你的朋友展示坐標系原理，看看他們能否找到寶藏。你還可以繪製你家的地圖，並藏一些寶藏讓朋友尋找！

規律與數列有甚麼用？

從簡單 2 的乘法表中的數列，到神秘的質數，規律與數列在數學中無處不在。在漫長的歷史發展過程中，我們一直使用規律與數列來構造不可破解的代碼和密碼，以保護私隱。今天，研究規律與數列可以使我們了解自然，甚至有助解釋間歇泉的噴發時間。

如何預測彗星的回歸時間

17 世紀的英國科學家埃德蒙．哈雷（Edmond Halley）正在研究一些天文觀測的記錄。當他看到多年來的彗星記錄時，他意識到同一顆彗星有可能會重新飛回來。哈雷預言這顆彗星將在 1758 年再次與地球相遇。到了 1758 年，這顆彗星果然出現了，證明了哈雷的預言是正確的。哈雷於 1742 年逝世，所以他並沒有看到自己的預言成真，為了紀念他的貢獻，人們將這顆彗星以他的名字命名，確立了他在歷史上的地位。

做數學題

等差數列

在發現彗星運行軌道的可預測模式時，哈雷得出一個等差數列。如果一個數列從第二項開始，每一項與前一項的差是同一個常數，這種數列就稱為「等差數列」，而這個常數稱為「公差」。

28　47　66　…

+19　+19　+19

公差

你知道嗎？

彗星軌道

彗星是由冰、岩石和塵埃等物質構成的，它們在橢圓形軌道上繞着太陽運行。像哈雷彗星那樣接近太陽的彗星，通常會拖着長尾，並在夜空中發光。

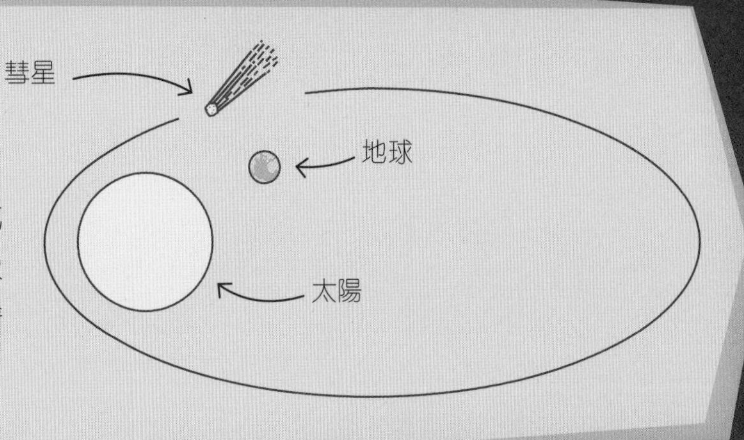

3 哈雷預言這顆彗星將在 1758 年返回地球。事實證明，他的預言是正確的。哈雷彗星的確每 76 年左右與地球相遇一次。

這個等差數列中的公差為 19。你只需再加一個公差，就可以找到下一項數字。哈雷彗星返回地球的時間並不是一個完美的等差數列。哈雷彗星平均每 76 年返回地球一次，但由於各個行星的引力作用，它可能會早一兩年或遲一兩年出現。哈雷也意識到了這一點，並修正他的計算。

等差數列的原理

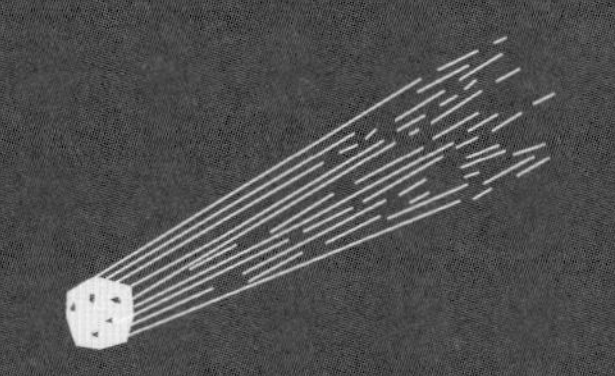

以下是一個簡單的等差數列，公差為 3。只需加 3 就可以得到下一項。

2 → 5 → 8 → 11 → 14 → …
（每一步 +3）

我們可以用字母表示任何等差數列，包括以上的數列：

a → $a+d$ → $a+2d$ → $a+3d$ → $a+4d$ → …
（每一步 $+d$）

字母 a 代表數列中的首項。

字母 d 代表公差。

用這種方式寫等差數列時，a 是首項（在這個例子中為 2），而 d 是公差（在這個例子中為 3）。即將出現的下一項將是 $a + 5d$，將字母代換為數字，我們就可以計算：$2 + (5 \times 3) = 17$。

折疊等差數列

1780 年，德國一名老師在給 8 歲的孩子們上課時，因為想讓孩子們安靜一會兒，所以要求他們將 1 到 100 之間的所有數字相加：

$$1 + 2 + 3 + \cdots\cdots + 98 + 99 + 100 = ?$$

令他驚訝的是，一個男孩在短短 2 分鐘內就算出了答案。那時還沒有計算器，男孩是怎麼做到的呢？

男孩「折疊」了等差數列，他將 1 與 100 相加，2 與 99 相加，以此類推。因為每對數字加起來都是 101，而且有 50 對這樣的數字，所以他需要做的就是用 50 乘 101，得到答案 5050。

計算第 n 項

如果我們要計算這個等差數列中的第 21 項，該怎麼辦呢？如果要計算第 121 項呢？將 21 項數字全部寫出來會花很長時間，因此你需要一個通項公式。

我們可以使用第 n 項的公式，也就是通項公式，這樣很快就能找到答案，其中 n 是項數。

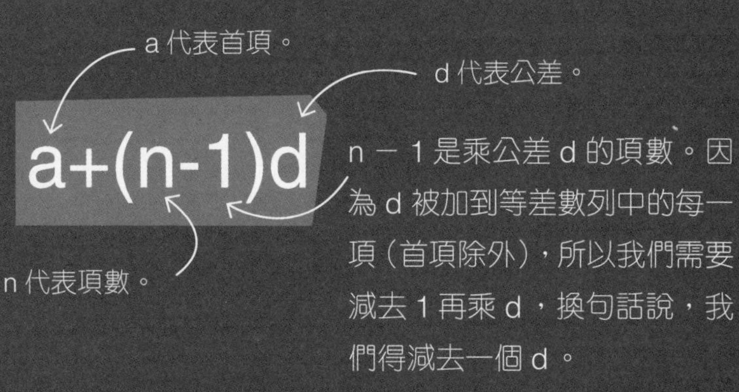

n － 1 是乘公差 d 的項數。因為 d 被加到等差數列中的每一項（首項除外），所以我們需要減去 1 再乘 d，換句話說，我們得減去一個 d。

我們將 n-1（在這個例子中為 21-1 ＝ 20）乘公差（在這個例子中為 3），然後用結果加 a（在這個例子中為 2）。

$$2+(21-1)\times 3=62$$

因此，等差數列 2 ，5 ，8…中的第 21 項是 62。

試試看

如何數座位

學校的劇場有 15 排座位，靠近舞台的第一排有 12 個座位。隨着劇場向後延伸擴大，每排的座位數依次增加 2。

你能用通項公式算出最後一排有多少個座位嗎？

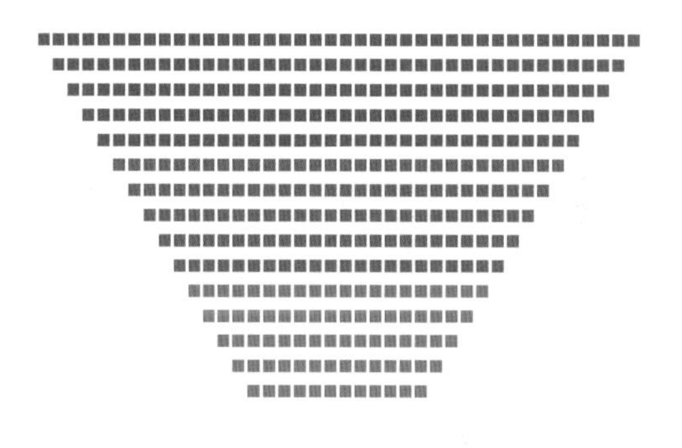

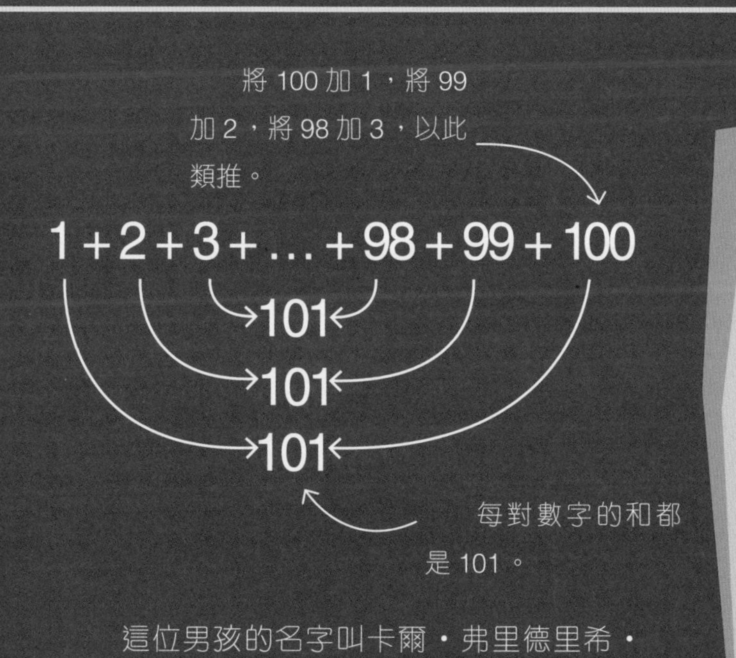

這位男孩的名字叫卡爾・弗里德里希・高斯（Carl Friedrich Gauss），他後來成了一名偉大的數學家。

真實世界

不斷噴發的間歇泉

美國黃石國家公園的「老忠實」間歇泉的噴發時間是可預測的，因為它是跟從等差數列（約每 90 分鐘一次）。因此，下次噴發何時發生可以從上一次噴發的持續時間來預測。

如何成為億萬富翁

1、2、4、8、16 的下一項是甚麼呢？答案是 32。這個數列中的每項都可以通過將前一項乘 2 得到。這個數列開始的時候看起來增加量很小，但很快數字就變得巨大，就像印度傳說中輸了一盤國際象棋的國王所展示的。

做數學題

等比數列

棋盤上每個格子中的大米粒數，等於前一個格子中的粒數乘一個常數（在上面的例子中為 2），也就是公比。如果數列從第二項起，每一項與前一項的比值等於同一個常數，這種數列稱為「等比數列」。

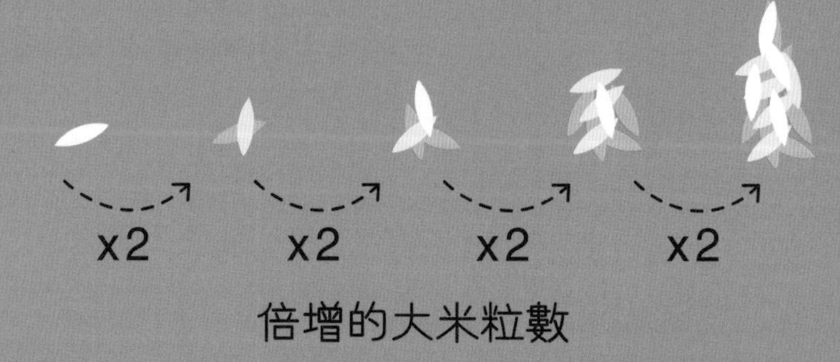

3 國王最終需要獎賞給旅行者 1,800 京粒大米，這些大米足以將他的王國埋起來！

你知道嗎？

折紙遊戲

如果你將一張紙對半折疊，那麼折疊以後的厚度就是原來的 2 倍。想像一下，如果你重複這個步驟 54 次，折疊起來的紙會變成多厚呢？最終紙的厚度可以連接地球和太陽！現實中，我們不可能將一張紙折疊很多次，紙會因為變得太厚而無法折疊！

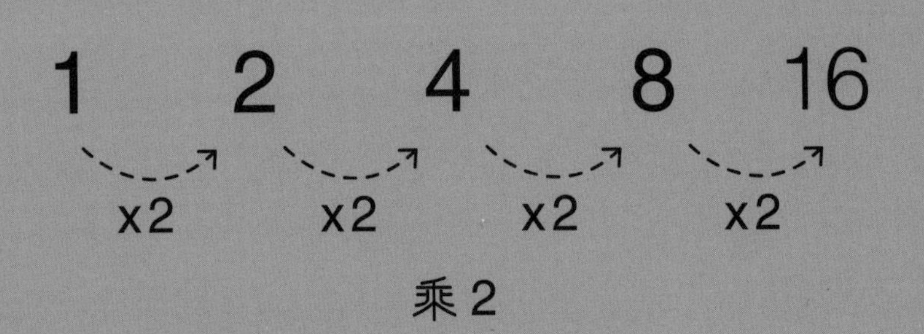

如果將大米粒換成數字，我們就可以看到這個數列的規律。從 1 到 16 僅需要四個步驟，而再加四個步驟則達到 256！你可以看到旅行者的大米粒數如何快速地變得如此龐大。

國王的象棋盤

以下是棋盤上每個格子中的大米粒數。現在你可以看到數字增加的速度了！

你能讀出棋盤右下角的數字嗎？

真實世界

碳 -14 年代測定法

科學家使用等比數列來確定植物和動物的生存年代。每經過 5,730 年，有機體中遺留的碳 -14 的數量會減少一半。科學家可以用現在殘骸中碳 -14 的含量來判斷它們死亡時所處的年代。

1	2	4	8	16	32	64	128
256	512	1,024	2,048	4,096	8,192	16,384	32,768
65,536	131,072	262,144	524,288	1,048,576	2,097,152	4,194,304	8,388,608
16,777,216	33,554,432	67,108,864	134,217,728	268,435,456	536,870,912	1,073,741,824	2,147,483,648
4,294,967,296	8,589,934,592	17,179,869,184	34,359,738,368	68,719,476,736	137,438,953,472	274,877,906,944	549,755,813,888
1,099,511,627,776	2,199,023,255,552	4,398,046,511,104	8,796,093,022,208	17,592,186,044,416	35,184,372,088,832	70,368,744,177,664	140,737,488,355,328
281,474,976,710,656	562,949,953,421,312	1,125,899,906,842,624	2,251,799,813,685,248	4,503,599,627,370,496	9,007,199,254,740,992	18,014,398,509,481,984	36,028,797,018,963,968
72,057,594,037,927,936	144,115,188,075,855,872	288,230,376,151,711,744	576,460,752,303,423,488	1,152,921,504,606,846,976	2,305,843,009,213,693,952	4,611,686,018,427,387,904	9,223,372,036,854,775,808

冪

一個數的冪表示一個數自乘若干次的數字，這個數稱為「基數」。我們可以用冪來表示大米粒數每次是如何增加的。冪以小數字的形式寫在基數的右上角。所以 22 等於 2 × 2，也就是 2 個 2 相乘；而 43 等於 4 × 4 × 4，也就是 3 個 4 相乘。

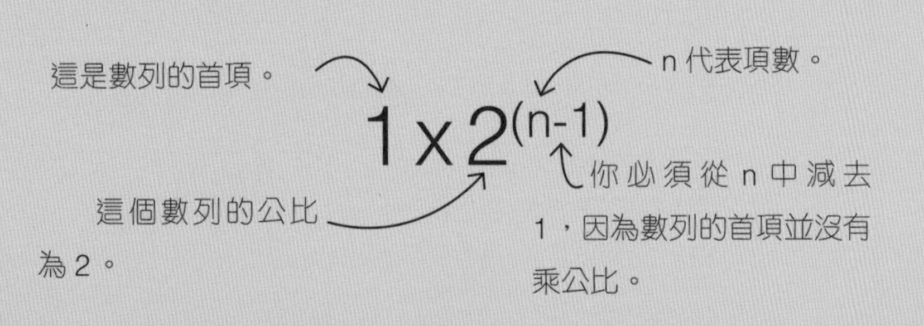

數列中的第 6 項，n-1 等於 6-1，也就是 5。

$$1 \times 2^{(6-1)} = 1 \times 2^5 = 32$$

數列中的第 6 項是 32。

你可以用這個公式求得國王象棋盤上任何格子中的大米粒數。你只需要知道 3 個數：數列的首項（在這個例子中為 1）、公比（在這個例子中為 2）、數列中的項數減 1。

你能算出這個數列中的第 20 項是多少嗎？你可能需要用計算器！

試試看

如何增加你的儲蓄

你有兩枚硬幣，將它們存在利率非常高的銀行裏。到第 2 年，你的存款將變成 6 枚硬幣。假設利率不變，到第 5 年，你的存款是多少？

硬幣的數量遵循一個增長模式。為了計算每年獲得的硬幣總數，需要將前一年的總數乘 3。

因此，到第 5 年，總數將是 $2 \times 3^4 = 162$ 枚硬幣。

你能用公式 $2 \times 3^{(n-1)}$ 算出到第 15 年時你的存款是多少嗎？

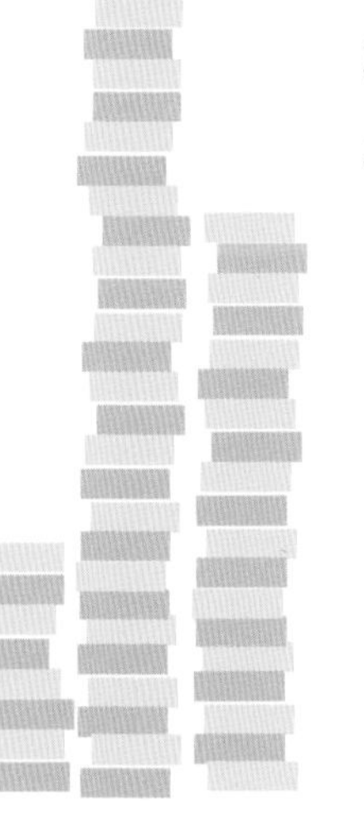

第1年
2

第2年
$2 \times 3^1 = 6$

第3年
$2 \times 3^2 = 18$

第4年
$2 \times 3^3 = 54$

第5年
$2 \times 3^4 = 162$

如何使用質數

質數是任何大於 1 的自然數，除了自身和 1 之外，它不能被其他任何整數整除。對於數學家來說，質數是數字的基本組成部分，因為每個整數或是質數，或是質數的乘積（稱為「合數」）。

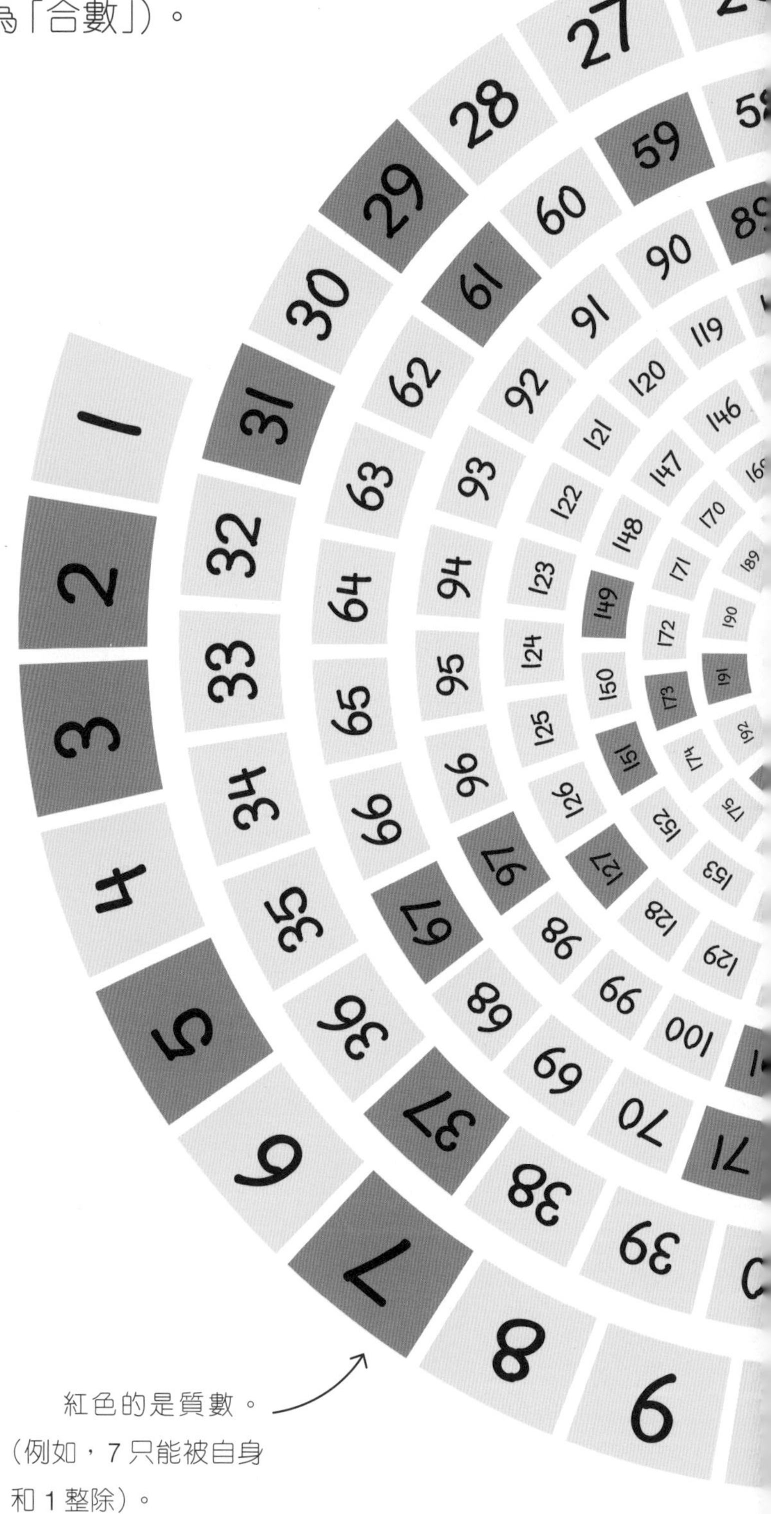

紅色的是質數。（例如，7 只能被自身和 1 整除）。

令人迷惑的質數

數學家對質數感興趣的原因是，我們知道有無數個質數，但我們還沒有找到質數出現的規律。另外，2 是唯一的偶數質數，其餘質數均為奇數。

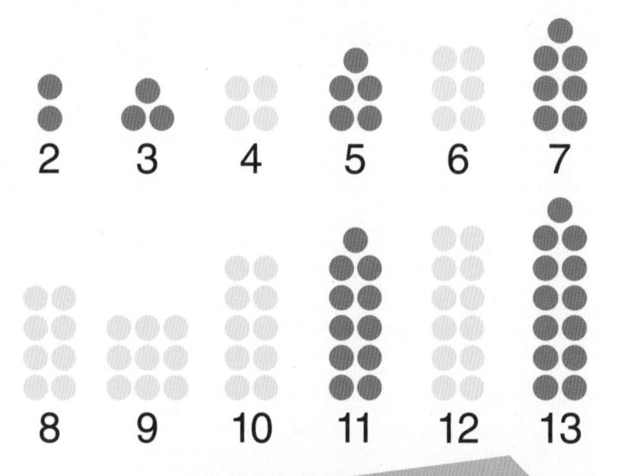

你知道嗎？

大質數

截至目前，已知的最大質數非常龐大，寫出來有 24,862,048 位數。

網絡安全

進行網上付款時，質數被用來製作不可破解的密碼。這把「鎖」的是一個巨大的數字，而「密鑰」則是兩個質因數（質因數是質數，相乘會產生的合數）。由於數字巨大，哪怕用電腦也需要數千年才能算出答案。所以這把「鎖」很難破解，可以確保交易安全。

謎題

使用左側的質數輪，嘗試將 589 分解為兩個質因數。

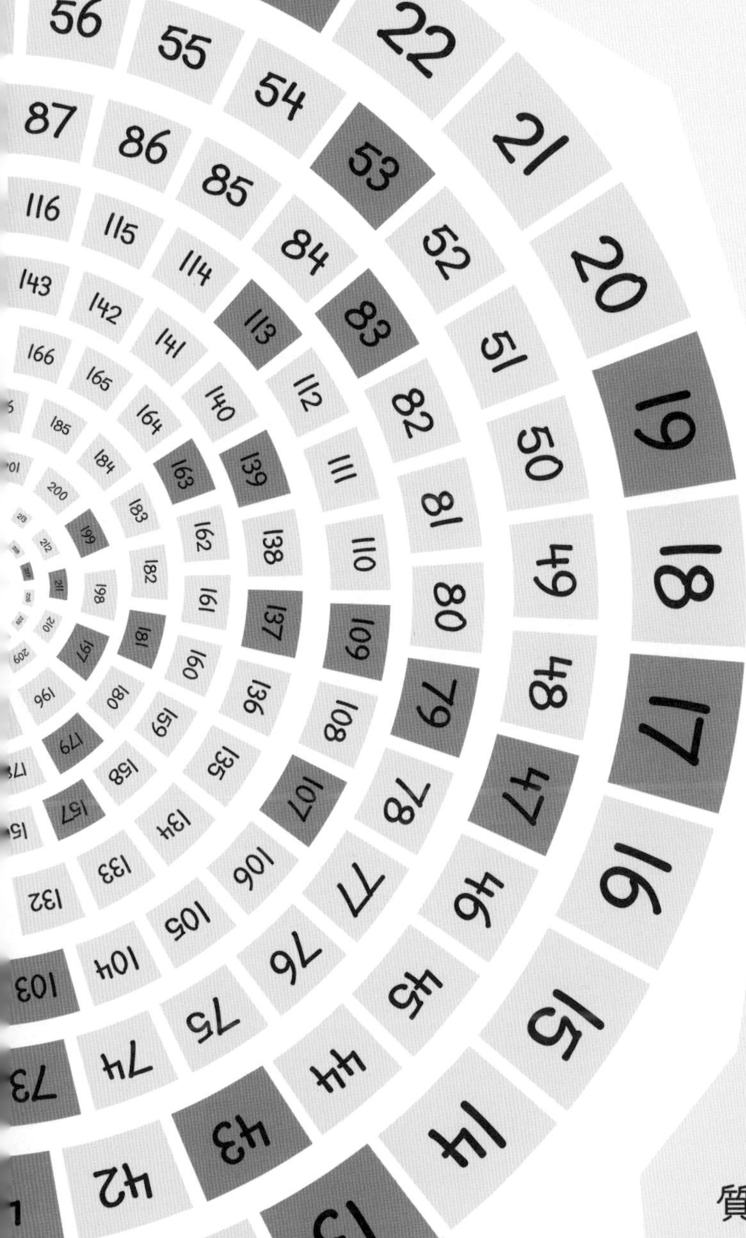

黃色的是合數。（例如，12 是質數 2 與 3 的乘積：2 × 2 × 3）。

質數周期

每隔 13 或 17 年，周期蟬就會破土而出，進行繁殖。這些質數周期使它們的捕食者難以把周期蟬當作食物，使周期蟬有更高的交配機會。

如何能夠永無止境

有些事物永遠不會結束。會結束的事物被稱為「有限」，不會結束的事物被稱為「無限」。無限大不是一個數字，而是一個幾乎無法想像的概念。無限大是無止境的，是沒有盡頭的，它在數學界引發了一些令人費解的想法。

希爾伯特旅館

德國數學家戴維・希爾伯特（David Hilbert）提出了一個有無限多個房間的旅館的思維實驗，這個實驗揭示了無限大特有的奇異數學運算：

1 無限旅館已住滿，但有一天又來了一位新客人。

2 因為旅館的房間有無限多個，所以總會有更多房間，因此旅館老闆要求所有客人搬到下一個房間，在 1 號房間的客人搬到 2 號房間，在 2 號房間的客人搬到 3 號房間，以此類推。這樣新客人就可以住 1 號房間了。所以，無限大 + 1 = 無限大。

3 此後不久，無限多的旅遊車把無限多位新客人帶到旅館。為了提供房間，旅館老闆要求所有客人將自己的房間號乘 2，得到新的房間號，然後搬到新的房間去。

4 原來的客人現在都住進偶數號房間裏，而無限多的奇數號房間都空着。因此，無限多位新客人現在可以入住無限多個奇數號房間了！這表明 2 × 無限大 = 無限大。

芝諾悖論

古希臘數學家芝諾（Zeno）用傳說中的希臘英雄阿喀琉斯（Achilles）和一隻烏龜賽跑的故事，來解釋無限這個概念。烏龜先起跑，但是阿喀琉斯很快就跑到了烏龜所在的地方。但是在這期間，烏龜又向前移動了一點兒。每次阿喀琉斯接近烏龜時，烏龜都會向前移動一點兒。芝諾這個愚蠢的故事說明了為甚麼我們必須小心處理「無限」這個概念。

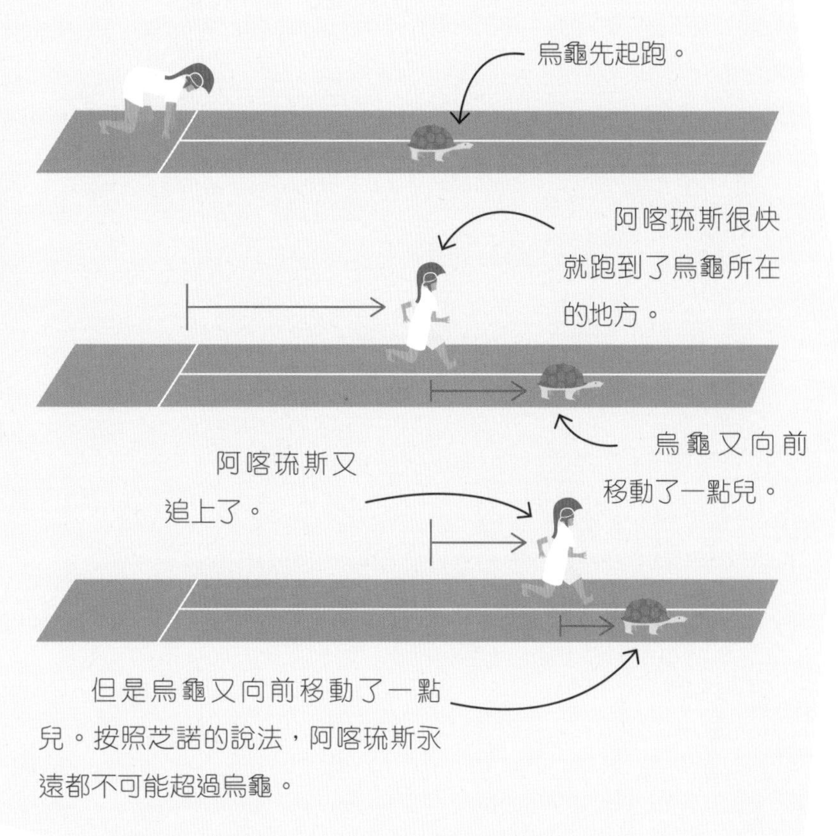

這些數字用指數書寫時（例如 10^7），可以使大數字變得更容易書寫。

地球的直徑

指數加一個負號（例如 10^{-10}），可以表達不可思議的小數字。

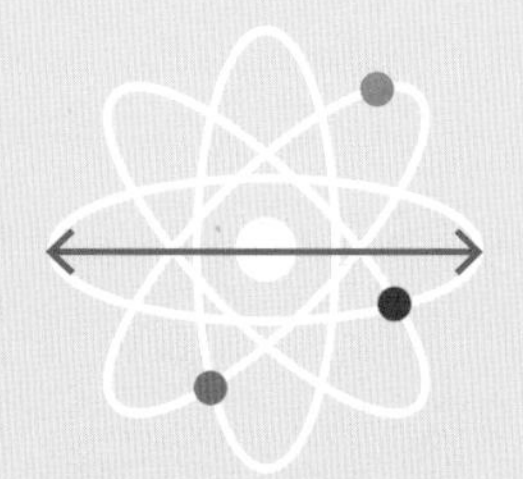

約 1×10^{-10} 米

原子的直徑

你知道嗎？

奇怪的名稱

大數字常常有奇怪的名稱。1 後面有 100 個 0 的數字被稱為 “googol”（古戈爾）；而 “googolplex”（古戈爾普勒克斯）代表的是 1 後面有古戈爾個 0 的數字！

大數字

在日常生活中使用的數字和無限大之間，是一組被稱為「大數字」的數字。我們可以利用這些數字描述諸如可觀測宇宙的大小（8.8×10^{26} 米）、人體中的細胞數（約 3.72×10^{13}），還有物質中的原子數等。

如何保密

保密的最佳方法是甚麼？運用數學！在歷史上，人們一直使用代碼（字母、數字或符號代替單詞）和密碼（字母經過變換後變成的密文）來防止秘密泄露。

你知道嗎？

密碼術

Cryptography（密碼術）這個詞源自古希臘語 cryptos，意思是「隱藏」或「秘密」；而 graphy 源自 graphein，意思是「寫」。

用火炬傳遞信息

古希臘士兵點燃牆壁上不同數目的火炬，點燃火炬的數目對應字母方陣（稱為「波利比奧斯方陣」）中特定的行和列，在戰場上傳遞信息。為了拼寫「H」，他們在右側點燃 2 個火炬，表示第 2 行，在左側點燃 3 個火炬，表示第 3 列。

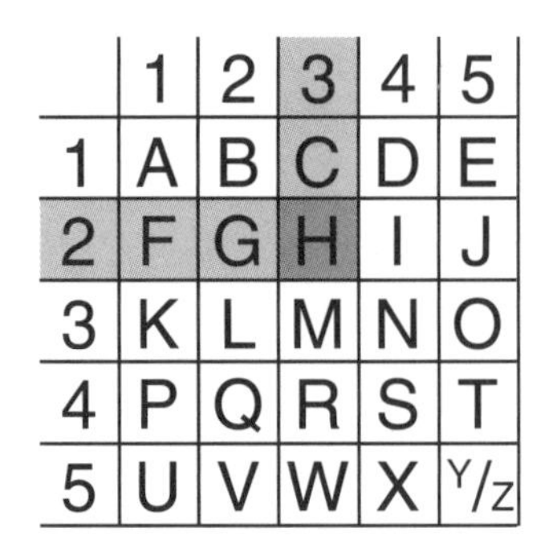

	1	2	3	4	5
1	A	B	C	D	E
2	F	G	H	I	J
3	K	L	M	N	O
4	P	Q	R	S	T
5	U	V	W	X	Y/Z

2/3 1/5 3/2 3/2 3/5
= H E L L O（你好）

公元前 3 世紀

凱撒加密法

為了向士兵發出秘密命令，羅馬的凱撒大帝使用了替代密碼，現在稱為「凱撒加密法」。他把所有字母轉換成數字，然後在與士兵預先約定的一個數中加或減一個數值。如果他們約定給每個字母加 3，則“a”變成“d”，“b”變成“e”，以此類推。

謎題

破解密碼

你偶然發現了一條機密信息，它是用凱撒加密法編寫的。你能破解這條信息嗎？

信息：ZH DUH QRW DORQH

a	b	c	d	e	f	g	h	i	j	k	l	m	n	o	p	q	r	s	t	u	v	w	x	y	z
D	E	F	G	H	I	J	K	L	M	N	O	P	Q	R	S	T	U	V	W	X	Y	Z	A	B	C

上面一行是「明文」，也就是加密之前的原始信息。

下面一行是「密文」，也就是加密之後的信息。

PRYH DW GDZQ = move at dawn
（黎明時出動）

約公元前 50 年

9 世紀

常用字母

阿拉伯哲學家肯迪（Al Kindi）分析了古代文獻中的密碼，意識到有些字母的使用頻率比其他字母高。因此他推斷，無論使用哪種語言編寫編碼信息，出現頻率最高的符號可能是該語言中最常用的字母。

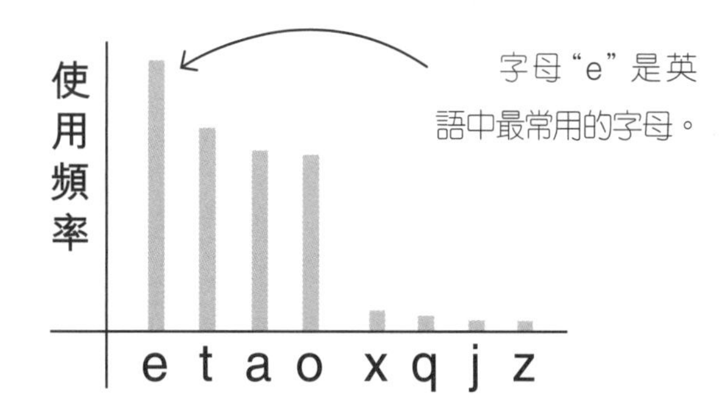

阿爾伯蒂密碼盤

意大利建築師萊昂・巴蒂斯塔・阿爾伯蒂（Leon Battista Alberti）發明了一種密碼盤。這種密碼盤有兩個同心圓盤，一個大，一個小，它們的中心被針固定在一起，可以旋轉。兩個圓盤的邊緣刻有不同的符號和字母。想要破解一條密文（例如 F&MS&*F），接收者需要轉動小圓盤，直到秘密信息的第一個字母（F）與大圓盤上預先約定的起始字母（s）對齊，然後保持兩個圓盤的位置，找出其他對應的字母，得到明文信息：secrets）。阿爾伯蒂密碼盤比凱撒加密法更難破解，因為密文中還包含每隔幾個字母就需要重新設置圓盤起始位置的指令

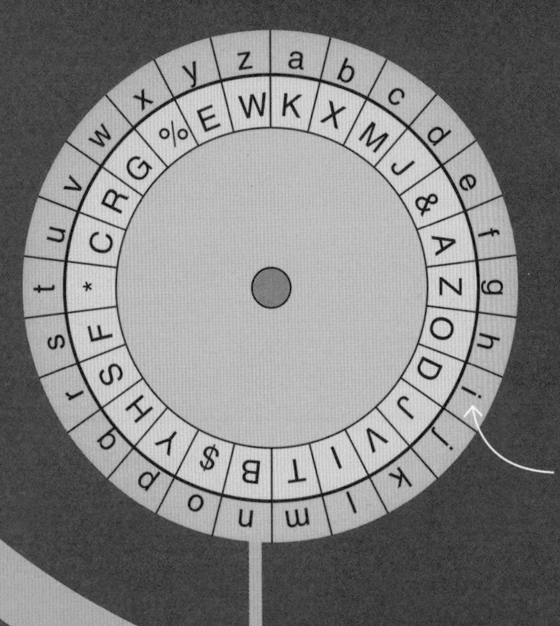

內圈的字母是代碼，外圈的字母是明文。

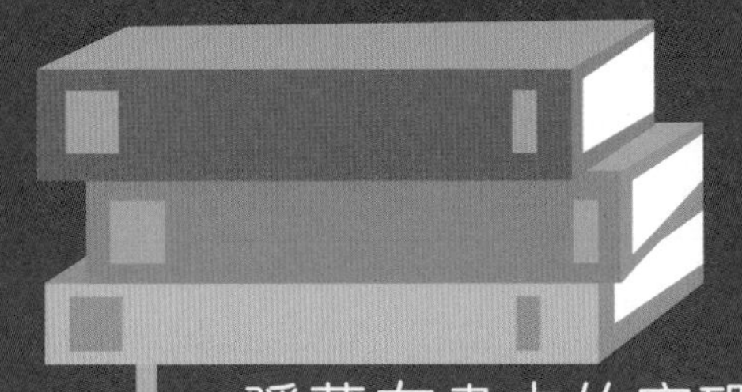

隱藏在書中的密碼

在書籍印刷普及了 70 年後，雅各布斯・西爾維斯特里（Jacobus Silverstri）發明了書本密碼。使用這種加密方法時，發送者和接收者需要預先約定一本書，書中的單詞將用作信息的明文，而密碼給出這些單詞在書中所處的位置。接收者必須使用密碼中的數字，才能在書中找到正確的單詞。

1467 年

1467 年

1586 年

維吉尼亞密碼

法國密碼學家布萊斯・德・維吉尼亞（Blaise de Vigenère）改進了凱撒加密法，發明了一個由多個字母組成的網格，對消息中的每個字母進行編碼。他創造的這個密碼在數個世紀中一直未被破解。

摩斯電碼

幾個世紀以來，信使一直通過步行或騎馬來傳遞秘密信息。但是電報的發明使長距離通信成為可能。美國發明家塞繆爾・摩斯（Samuel Morse）提出了一個由點（短電流）和線（長電流）兩種符號組成的系統，它們代表英文字母，被敲入發報機。

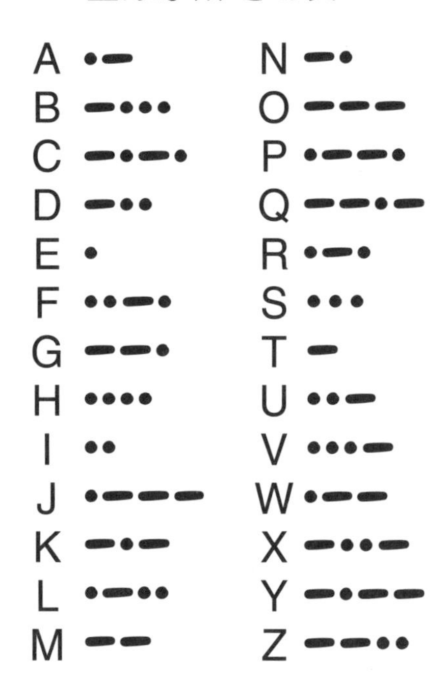

國際摩斯電碼表

字母	電碼	字母	電碼
A	•—	N	—•
B	—•••	O	———
C	—•—•	P	•——•
D	—••	Q	——•—
E	•	R	•—•
F	••—•	S	•••
G	——•	T	—
H	••••	U	••—
I	••	V	•••—
J	•———	W	•——
K	—•—	X	—••—
L	•—••	Y	—•——
M	——	Z	——••

1586 年

1830 年

謎題

傳遞秘密信息

嘗試用摩斯電碼給你的朋友傳遞一條秘密信息。

破解陰謀

瑪麗・斯圖亞特（Mary Stuart）認為自己應該是英格蘭的正統女王。她和支持者策劃暗殺當時的英格蘭女王伊麗莎白一世（Queen Elizabeth I），他們使用替代密碼來傳遞信息。但是伊麗莎白一世的間諜弗朗西斯・沃爾辛厄姆爵士（Sir Francis Walsingham）截獲了這條信息，並破譯了密碼，從而摧毀了他們的暗殺計劃。最後，瑪麗・斯圖亞特因叛國罪被處決。

豬圈密碼

豬圈密碼是在美國南北戰爭（1861 年 ~1865 年）時期，被囚禁的聯邦士兵使用的一種替代密碼。方法是將英文字母分配到四個不同的網格之中，代表每個字母的符號是這個字母在網格中所處位置的形狀。代表字母 J~R 和 W~Z 的形狀則加一個點。

A B C
D E F
G H I

J K L
M N O
P Q R

S
T U
V

= escape this way
（從這條路逃出去）

1861 年 ~1865 年

1939 年 ~1945 年

戰時的機密

第二次世界大戰期間，德軍使用了恩尼格瑪密碼機對信息進行加密。這台機器有幾乎無法破解的設置，每條編碼能生成多達 158,000,000,000,000,000,000 種可能性的答案。有賴英國數學家艾倫・圖靈（Alan Turing）發現了恩尼格瑪密碼機的缺陷，英國的優秀團隊才終於將它解碼，使得英國的密碼學家（大部分是女性）能夠獲取德國的最高機密信息。

英國的數學家在布勒特徹里莊園使用一台名叫「圖靈甜點」的解碼機來幫助他們破解德軍的秘密信息。

你知道嗎？

恩尼格瑪密碼機

德軍每天都會改變恩尼格瑪密碼機上的設置，因此盟軍密碼破解者在破解其秘密信息時，必須與時間賽跑。

你知道嗎？

未解之謎

美國中央情報局總部的廣場上矗立着一尊由美國藝術家詹姆斯・桑伯恩（Jim Sanborn）創作的雕塑，名為克里普托斯（Kryptos，意為「隱藏」）。雕塑上的代碼隱藏着加密信息。自 1990 年建成以來，無論是業餘密碼破解者，還是美國中央情報局密碼學專家都無法完全破解它！

數碼時代的機密

如今，密碼有助於保護我們的信息安全。代碼製作者一直在努力創製越來越複雜的代碼，以保護人們的個人信息不被黑客破解。

1974 年

今天

給外星人傳送信息

科學家從波多黎各的阿雷西博天文台向銀河系邊緣的武仙座球狀星團 M13，發送了一條無線電信息，希望被外星人接收並閱讀。這條信息需 25,000 年才能到達星團，收到回覆的時間也相若。這條信息用二進制代碼編寫（一種只採用 1 和 0 來代表字母的系統）。

如果將阿雷西博信息用圖片展示，它看起來就如右圖所示。

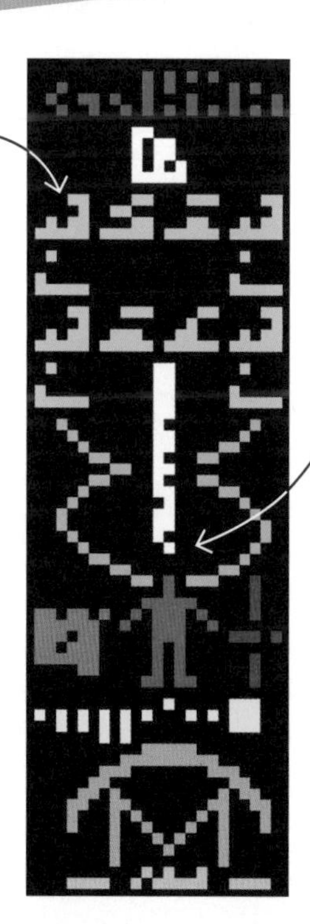

這條信息包含人類的脫氧核糖核酸（DNA）信息以及顯示地球位置的太陽系圖。

數據與統計有甚麼用？

生活在信息時代，我們周圍的數據量比歷史上任何時候都要多。數學家已經開發出許多收集信息、分析信息和將信息視覺化的方法，以幫助我們了解所獲取信息的本質。數學和統計學中有許多快速處理和估算數據的技巧，也有許多用於精確分析數據的公式和方法，這使我們能夠更了解自己與周圍的世界。

如何估算

人們並非總是能進行精確的計算，因此數學家經常會進行估算。估算可以使你對問題的答案有一個合理的大致推測。當一位古印度國王面對一道看似不可能算出來的題目時，他意識到自己可以利用估算的技巧作出良好的推測。

1 在古老的印度傳說中，里圖帕爾納國王（King Rituparna）是一位出色的數學家，他曾經向同伴吹噓自己知道某棵樹上有多少片樹葉。

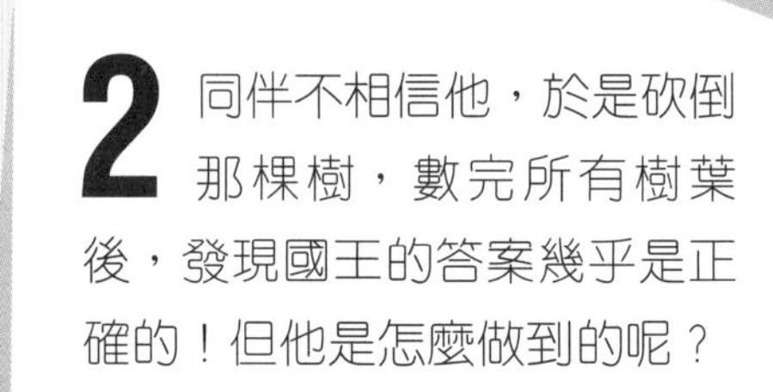

2 同伴不相信他，於是砍倒那棵樹，數完所有樹葉後，發現國王的答案幾乎是正確的！但他是怎麼做到的呢？

做數學題

捨入和估算

里圖帕爾納國王並沒有真的數過樹上的每一片樹葉，他只是做了估算。他首先數了幾根細枝上的樹葉。在他數的細枝中，大部分細枝上大約有 20 片樹葉。

19 片樹葉

20 片樹葉

21 片樹葉

接下來，里圖帕爾納國王需要知道每根樹枝上有多少根細枝。他數過的樹枝上都有 4~6 根細枝，所以他假設每根樹枝上都有 5 根細枝。

4 根細枝

6 根細枝

5 根細枝

20 片樹葉 ×5 根細枝 ×10 根樹枝

= 1000 片樹葉

最後，里圖帕爾納國王數了樹枝的數目，因為這是一個較小的數字，這時他使用的是準確的數字而不是約數。結果是 10 根樹枝，然後他將所有數字相乘，得出那棵樹上大約有 1,000 片樹葉。

捨入

捨入的意思是取一個數字的近似值，這樣做的目的通常是使計算容易些。想像一段在 18~19 厘米之間的長度，如果精確測量，可能為 18.7 厘米。將這段長度捨入為 19 厘米，會使計算變得更簡單。

尾數為 1~4，就捨去。

尾數為 5~9，把尾數捨去並在前一位進「1」。

17.6 17.7 17.8 17.9 18 18.1 18.2 18.3 18.4 18.5 18.6 18.7 18.8 18.9 19 19.1 19.2 19.3 19.4 19.5 19.6 19.7 19.8 19.9 20

有效數字

當數學家將整數捨入時，他們會確定想達到的精確度。「有效數字」的數目決定了向上或向下捨入多少位數。這可能意味着捨入到最接近的整數，如最接近的十位數、最接近的百位數等。假設你想將 1,171 進行捨入，保留四位有效數字則意味着這個數字不變；保留三位有效數字則意味着將它捨入到 1,170；保留兩位有效數字則意味着將它捨入到 1,200；保留一位有效數字則意味着將它捨入到 1,000。

保留幾位有效數字	捨入後的數字
4	1171
3	1170
2	1200
1	1000

小數位的數字

帶有小數位的數字也可以被捨入。這使得我們測量距離、重量和溫度等數值時非常方便。通常，我們只需要保留兩位小數。

保留幾位小數	捨入後的數字
3	8.152
2	8.15
1	8.2
0	8

估算

在沒有計算器的情況下，如果你需要很快求得複雜數字的和，捨入的方法也非常有用。通過向上或向下捨入數字，可以使數學運算變得更容易，而且接近準確答案。

你知道嗎？

估算字數

你想知道正在閱讀的書有多少個字嗎？你可以先數出某一頁上有多少字，然後用這個數乘總頁數來進行估算。

你可能會覺得這道加法題很棘手。

$$168 + 743 = 911$$

如果你將 168 捨入到 170，將 743 捨入到 740，計算就會容易一些。

$$170 + 740 = 910$$

$$200 + 700 = 900$$

200 加 700 很簡單，可以心算。900 很接近 911 的實際答案。

試試看

如何快速估算物價

當購買多個物品時，如果你想估算它們的總價，可以進行捨入。右圖中商品的價格很複雜，讓我們先將它們捨入到十位數，然後再相加。自行車變成 160 元，照明燈變成 20 元，頭盔變成 50 元。它們的總價約為 230 元，實際總價為 229.88 元。

下次購物時，先試着將價格捨入，再將它們相加，最後將結果與實際價格進行比較。

真實世界

估算人數

為了估算人羣的人數，數學家會使用「雅各布斯法」。他們將人羣所在的區域劃分為若干網格，先數出其中一個網格裏的人數，然後用人數乘網格的數目就可以得到估算的總人數。

如何計算平均數

在 19 世紀的法國，數學家亨利・龐加萊（Henri Poincaré）每天都去當地的麵包店買麵包。這些麵包本應每個重 1 公斤，但龐加萊懷疑麵包師欺騙顧客，賣的麵包重量不足。他決定開始調查，後來他通過算出一個麵包的平均重量（或典型重量），成功地指控了麵包師的欺騙行為。

做數學題

求平均數

為了指控麵包師的欺騙行為，龐加萊計算了他所購買的所有麵包的平均重量。求平均數的方法有三種：找到平均數、中位數和眾數。龐加萊使用了找平均數，因此他必須知道所有麵包的總重量。在這裏，我們只列舉了 7 個麵包的數據，也就是他一星期內購買的麵包的重量。

950 克 + 955 克 + 915 克 + 960 克 + 1005 克 + 850 克 + 1015 克 = 6650 克

然後，他用總重量除以麵包的數量。

$$\frac{6650\text{ 克}}{7} = 950\text{ 克}$$

這表明他一星期內購買的麵包的平均重量為 950 克。事實證明，即使他購買的有些麵包重量超過 1,000 克，但平均重量還是比麵包店宣稱的要少。

繪製重量圖表

為了給警察提供證據，龐加萊在一張顯示麵包重量的圖表上繪製了他的發現。這張圖表顯示，最常見的重量約為 950 克。

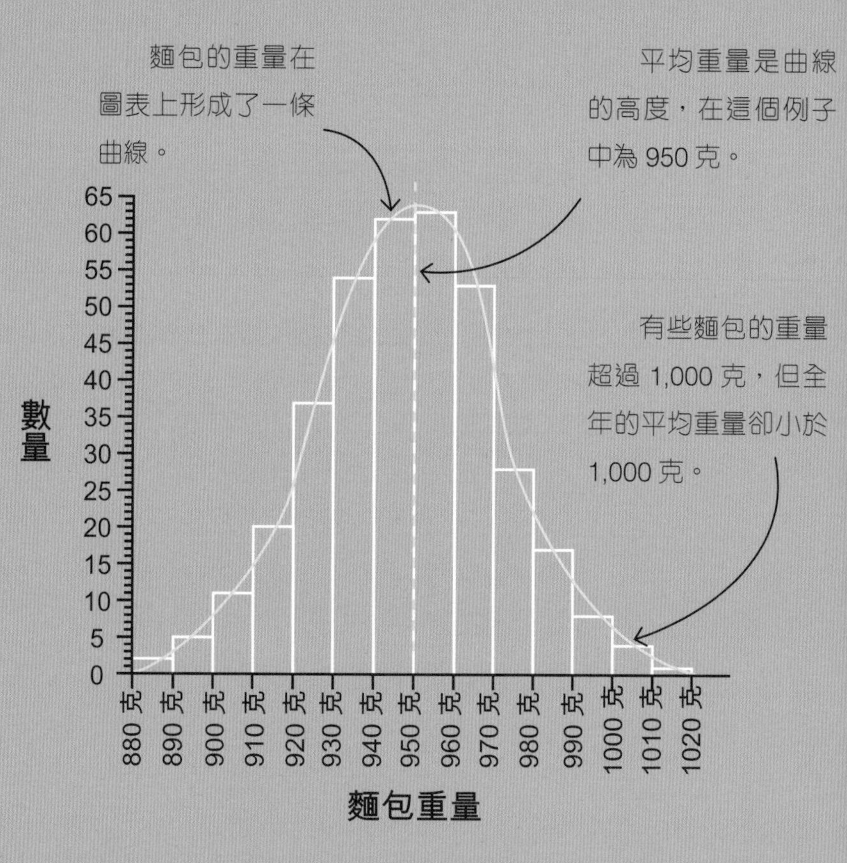

中位數

求平均數的另一種方法是找到中位數。要找到中位數，需將一組數按順序排列，中間的數就是中位數。如果一組數中的一個數比其他數大很多或小很多，找到中位數就是求平均數的最佳方法。因為這個不尋常的數（也稱離羣值）會使平均數失真。如果你想知道 7 個麵包的平均重量，但是有一個麵包比其他麵包重很多，那麼平均重量將高於其他 6 個麵包的重量。

這個麵包比其他麵包重很多，因此它是一個離羣值。

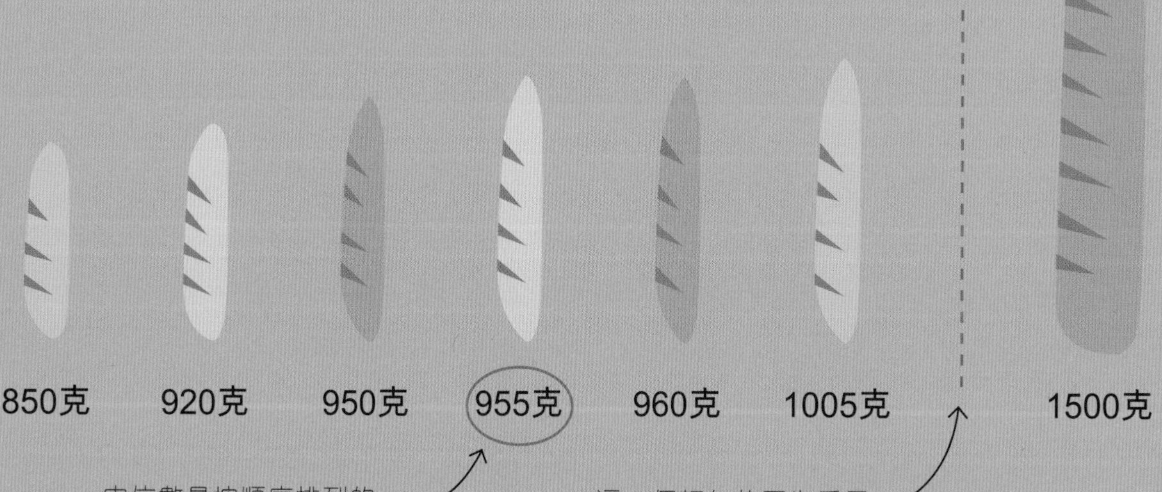

中位數是按順序排列的所有數的中間數，在這個例子中為 955 克。

這 7 個麵包的平均重量為 1,020 克，大於其他 6 個麵包的重量。

眾數

找到眾數是數學家使用的另一種求平均數的方法，它是一組數據中出現次數最多的數。有時候，眾數比平均數或中位數更有用。例如，當你想知道蛋糕店中哪種蛋糕最受歡迎。

巧克力蛋糕	7
草莓蛋糕	6
檸檬蛋糕	3

購買巧克力蛋糕的人數超過購買其他種類蛋糕的人數，因此這個數就是眾數。

真實世界

集體的智慧

如果你讓一羣人估算一個瓶子裏有多少顆糖果，那麼所有答案的中位數很有可能接近正確的數字。因為有些人猜測的數量過低，而另一些人猜測的數量過高，會導致平均數失真，所以在這個示例中，中位數是最佳的平均值。

試試看

如何計算平均身高

假設你想計算一個班級的學生的平均身高，最常見的做法是將每個學生的身高相加，然後用總數除以學生人數，得到平均身高。例如：

150 厘米 + 142 厘米 + 160 厘米 +
155 厘米 + 137 厘米 + 140 厘米 +
155 厘米 + 152 厘米 + 155 厘米 +
170 厘米 + 145 厘米 = 1661厘米

$$\frac{1661\text{厘米}}{11} = 151\text{ 厘米}$$

你能找到以上這組身高數據的中位數和眾數嗎？你還可以嘗試找出你的同學們身高的平均數、中位數和眾數。

在這個例子中，你認為哪種求平均數的方法最適用：找到平均數、中位數，還是眾數？哪種最不適用？

如何估算人口

你無法一個一個地去數一個國家有多少人，那麼如何計算一個國家的總人口呢？這個問題使法國數學家皮埃爾—西蒙・拉普拉斯（Pierre-Simon Laplace）感到困惑。他在 1783 年想知道，是否可以運用數學方法較為準確地估算法國的人口。結果他想出了一個絕妙的解決方案：將邏輯與非常簡單的算術結合起來。

做數學題

收集樣本數據

拉普拉斯意識到，他可以先估算每個新生嬰兒的家裏有多少個成年人，再來估算總人口。盡管大多數城鎮都沒有人口統計記錄，但有些城鎮還是保留了人口記錄。於是他使用這些數據進行計算。

兩個量之間的關係稱為比率。我們使用冒號分隔這兩個量。

1個新生嬰兒：28個成年人

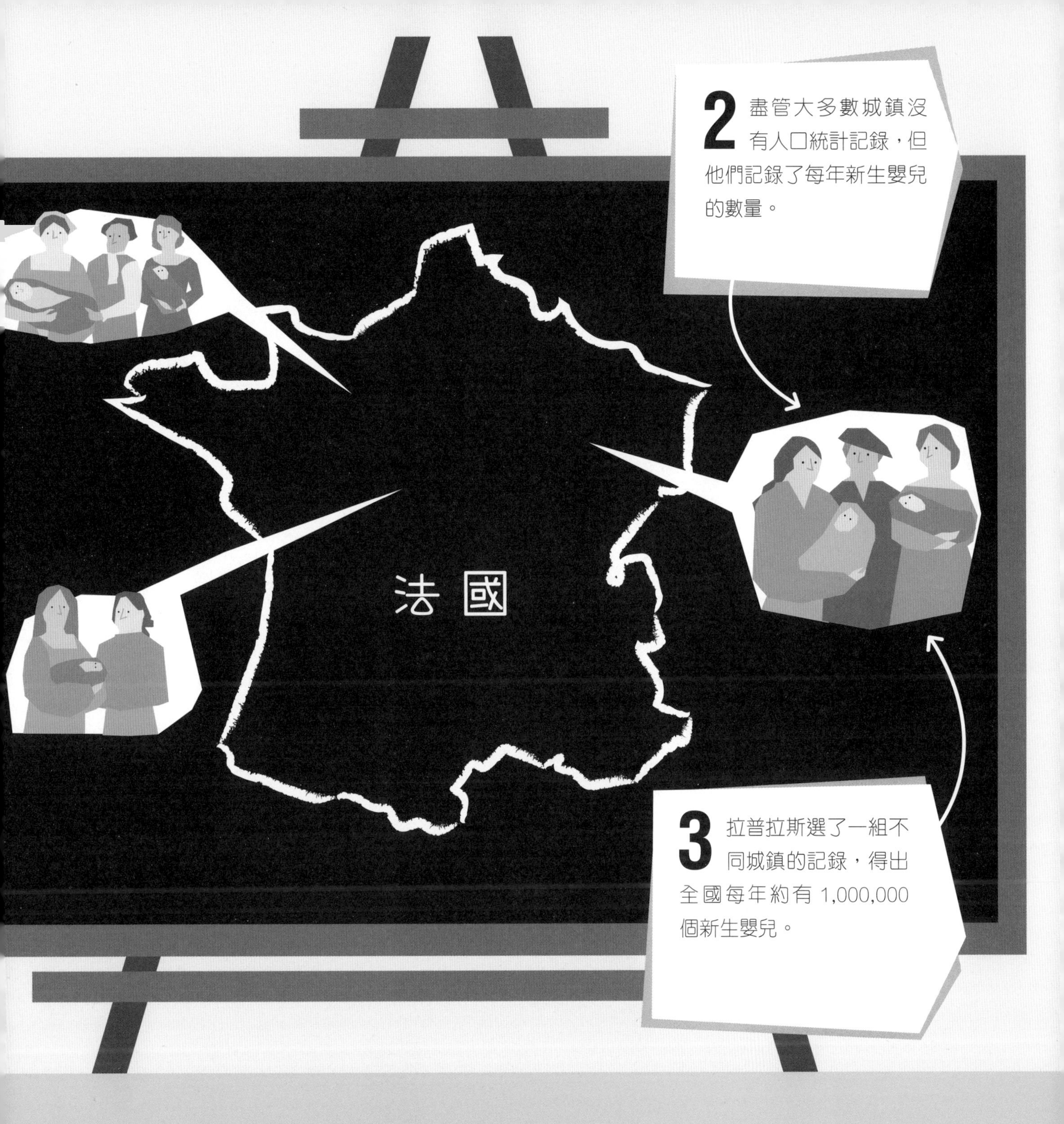

拉普拉斯發現，在法國，平均每 28 個人中就有一個新生嬰兒（因此，在 56 個人中，可能就有兩個新生嬰兒，以此類推）。拉普拉斯需要做的就是用 28 乘 1,000,000（估算得出的當年法國新生嬰兒的數量），得到總人口的估算值。這種估算人口的方法被稱為「標誌重捕法」。

28×1,000,000
= 28,000,000（個）

估算動物種羣

拉普拉斯的方法也可以用來估算動物的種羣。想像一下，你想知道一片森林中有多少隻鳥。首先，捕捉一些鳥，這是你的第一個樣本。在這個樣本中的每隻鳥身上都做好標記，然後釋放這些鳥。一段時間以後，再捕捉一些鳥作為第二個樣本。第二個樣本中有些鳥身上帶有標記，意味着它們也出現在第一個樣本中。

在每隻捕獲的鳥身上做好標記，然後釋放牠們，讓牠們與總種羣混合在一起。

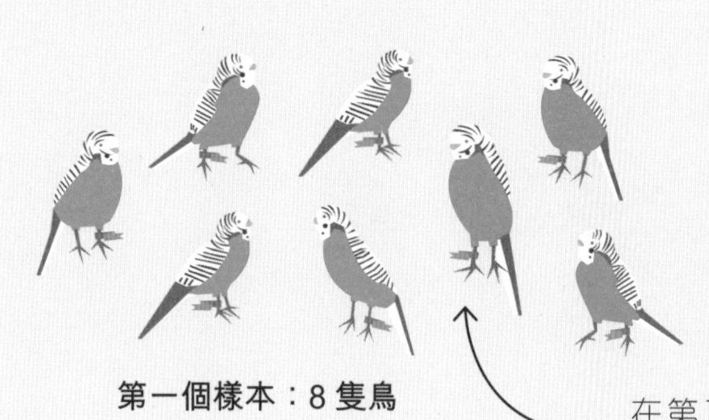

第一個樣本：8 隻鳥

在第二個樣本捕獲的 10 隻鳥中，有 4 隻鳥帶有標記，意味着這 4 隻鳥也出現在第一個樣本中。

第二個樣本：10 隻鳥（其中 4 隻帶有標記）

在第二個樣本中，總共有 10 隻鳥，其中 4 隻鳥帶有標記。因此，帶標記的鳥與總種羣的比率為 4∶10，可簡化為 1∶2.5。

在第一個樣本中，總共有 8 隻鳥被做了標記。在第二個樣本中，帶標記的鳥和總數之間的比例為 1∶2.5。假設這個比例適用於森林中所有該種類的鳥。這意味着森林中有 8 乘 2.5，即 20 隻這種鳥，這就是這種鳥種羣的估算值。

$$8 \times 2.5 = 20$$（隻）

真實世界

野生的老虎

科學家使用標誌重捕法來估算瀕危物種（例如老虎）的種羣。他們在森林中安裝相機拍照，為了確保不重複數同一隻動物，他們會通過每隻老虎身上獨特的條紋來識別牠們。

改善估算精確度

為了獲得更準確的結果，你可以重複此過程。通過計算不同結果的平均數，你可以獲得更可靠的數值。

	捕獲的鳥總數	帶標記的鳥的數量	總種羣估算值
第一次捕獲	10	4	20
第二次捕獲	12	6	16
第三次捕獲	9	4	18

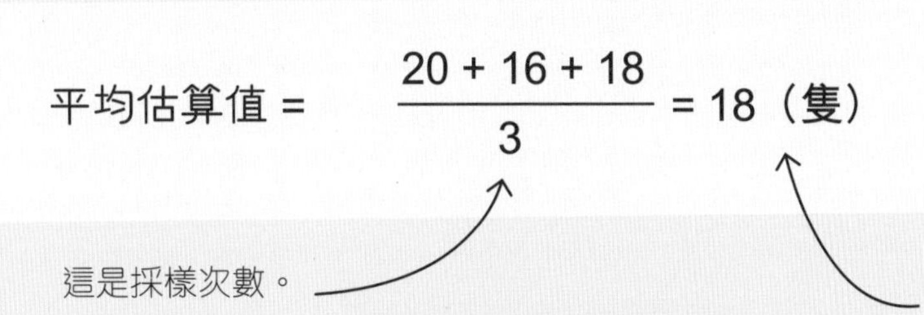

$$平均估算值 = \frac{20 + 16 + 18}{3} = 18（隻）$$

這是採樣次數。

第一次我們算出可能有 20 隻鳥。三次的平均結果是一個低一些但更準確的估算值。

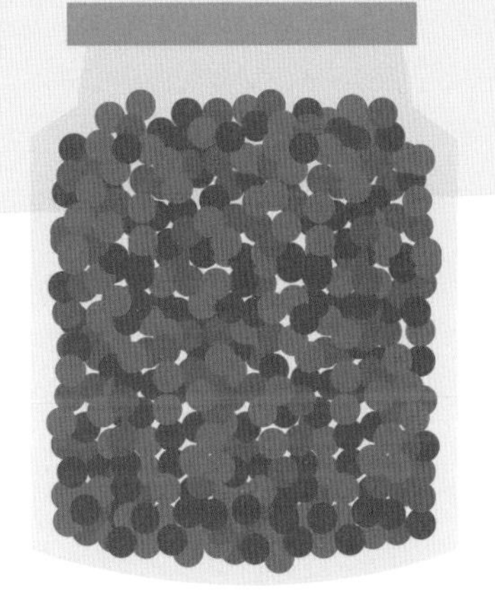

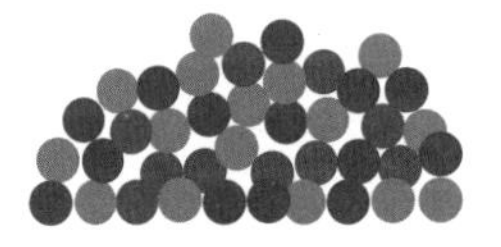

試試看

如何估算數量

假如你取來一個大瓶子，將它裝滿紅色珠子（但你不知道有多少顆珠子！）。

從瓶子中取出 40 顆紅色珠子，再放入 40 顆藍色珠子替換那些紅色珠子。將蓋子蓋好，並將瓶子裏的珠子搖勻。

接下來，戴上眼罩，從瓶子中取出 50 顆珠子，將它們逐一放入一個碗裏。

取下眼罩，數一數碗中總共有多少顆藍色珠子。假設你發現 50 顆珠子中有 4 顆藍色珠子。

你能猜出瓶子裏總共有多少顆珠子嗎？可以使用左頁中的方法，計算比率並估算珠子的總數。

如何運用數據改變世界

在 1853 年至 1856 年之間，英國、法國、薩丁利亞，以及奧圖曼帝國與俄國發動戰爭。他們在黑海附近的克里米亞爭戰。在這場戰爭中有成千上萬的士兵死去。法國將領們以為，大多數士兵的死因是在戰鬥中受傷。但是，英國護士弗洛倫斯・南丁格爾（Florence Nightingale）卻另有看法。她認為很多士兵實際上是由於醫院的衛生狀況惡劣造成細菌感染而喪生的。她決定着手收集數據來證明這一點。

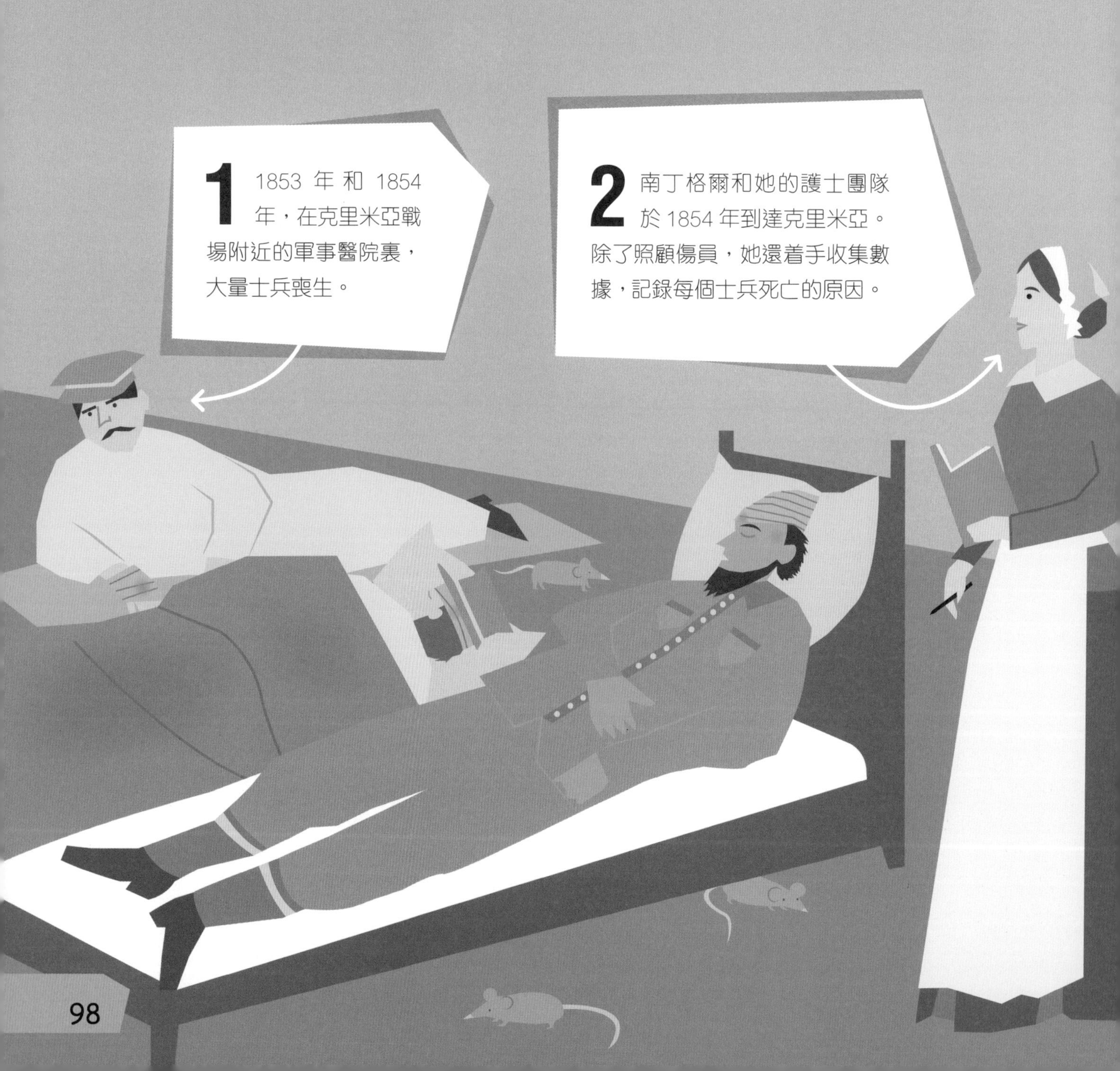

顯示數據

南丁格爾放棄數字表格，而製作了一個類似於現代餅圖的圖表來展示她的發現。這個圖表被稱為「玫瑰圖」，直觀地顯示了大多數士兵並不是因為受傷而死，實際上如果改善醫院的衛生條件的話，很多士兵可以避免死亡。這種簡單明晰的圖表立即受到熱烈歡迎，許多報紙都刊登了該圖表，以便讓公眾查看。這種展示數據的方法非常有效，即使是普通人也很容易理解。南丁格爾以此說服了陸軍將領們撥款改善軍事醫院的衛生條件。

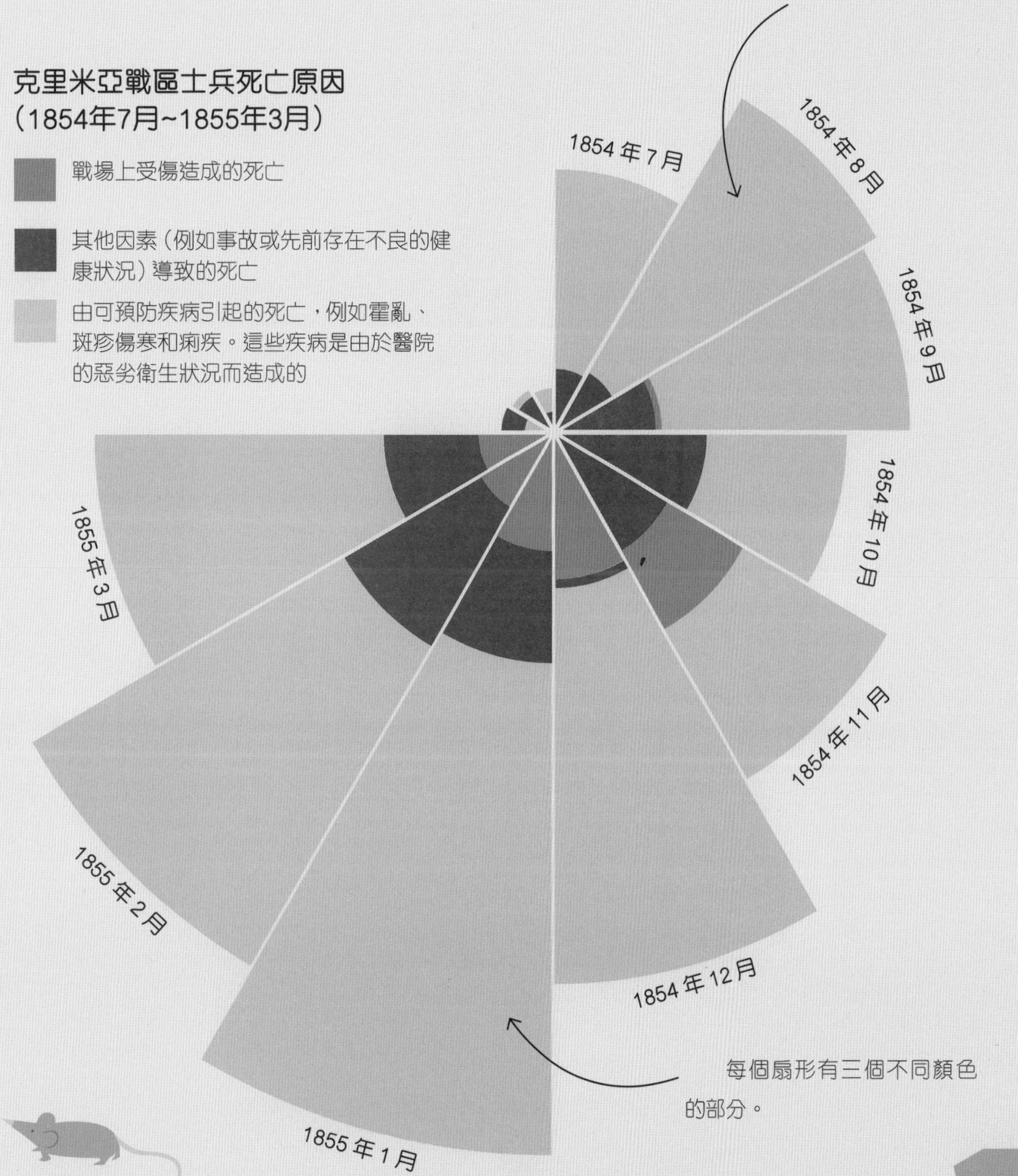

展示事實

南丁格爾並不是唯一在 19 世紀使用數據推動改革的人。英國醫生約翰・斯諾（John Snow）和法國工程師查爾斯・約瑟夫・米納德（Charles Joseph Minard）也用直觀的圖表展示了數據，為社會變革提供了有力的論據。

治癒霍亂

1854 年，霍亂疫情席捲了英國倫敦蘇豪區，造成數百人喪生。當時，人們認為霍亂是通過難聞的氣味傳播的，但是約翰・斯諾醫生證明霍亂實際上是通過污水傳播的。為此，他在地圖上標示了死亡人數。該地圖顯示，所有死者都使用了同一個受污染的水泵。斯諾的地圖證明只有改善當地供水的清潔度，才是防止霍亂進一步爆發的最好方法。

追蹤死亡人數

1869 年，法國有些人抱怨軍隊最近在戰爭中經常失利。這種抱怨使法國工程師查爾斯・約瑟夫・米納德感到驚恐，他試圖提醒這些人，可怕的戰爭使多少人無辜失去了生命。他用「流量地圖」描繪了在 1812 年拿破崙進攻俄羅斯的戰爭中喪生的法國士兵人數。盡管戰爭還在持續，但米納德的流量地圖以其所展示的大量信息而備受讚譽。

隨着冬天到來和俄羅斯增援部隊趕到，法國軍隊撤退。

當拿破崙的軍隊被俄羅斯軍隊打敗時，紅線變細。

莫斯科

開始撤退

在聶門河附近，法國軍隊進軍初時有超過 400,000 名士兵。

開始進軍

灰色的細線代表拿破崙的軍隊撤退時的情況。士兵們死於疾病、饑餓和嚴寒。

聶門河

五個半月後，只有 10,000 名士兵回到了聶門河。

圖表的種類

圖表以視覺化的方式展示數據，讓我們可以快速閱讀和了解情況。而且，圖表使分析數據、尋找規律或得出結論更加容易。為了使圖表有用，選擇最佳圖表種類來展示信息變得很重要。

你知道嗎？

威廉・普萊費爾 (William Playfair)

18 世紀末，蘇格蘭工程師威廉・普萊費爾發明了棒形圖和線形圖。他認為使用有顏色的圖表比數字表格更能清晰地展示信息。

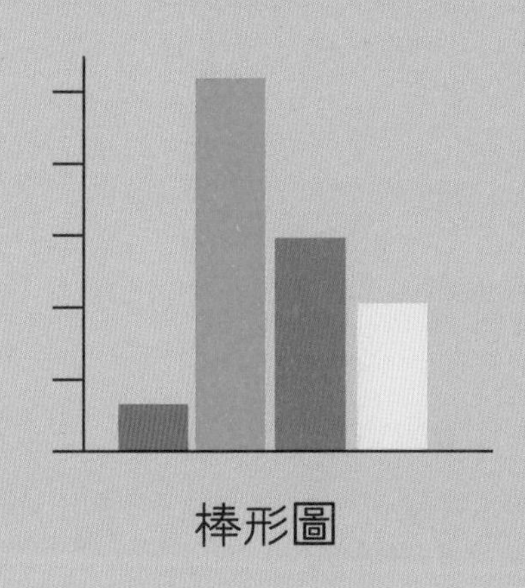

棒形圖

棒形圖讓你可以快速排序並比較數量。

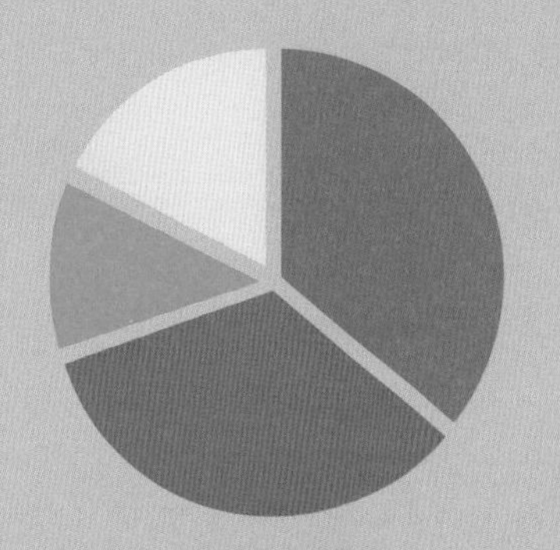

扇形圖

扇形圖是劃分為多個扇形的圓形圖表。圓形代表所有數據，而其中每個扇形代表數據的一部分。

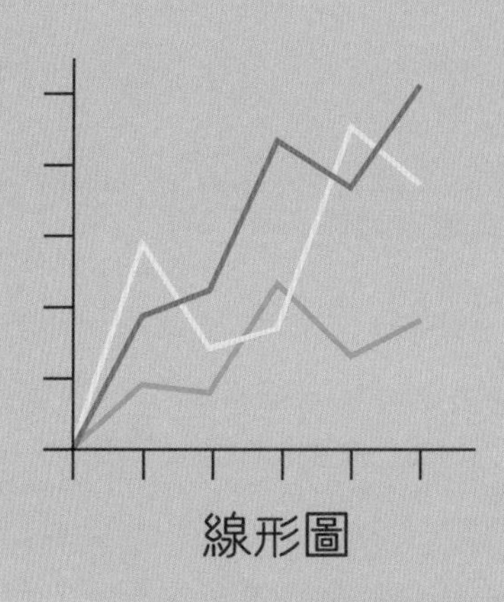

線形圖

線形圖讓你可以繪製隨時間變化的數據，幫助你找到規律。

試試看

如何說服你的父母

一位學生試圖說服父母讓她週末去朋友家過夜。為了說服父母，她必須展示自己在做家務和做作業相比自己看電視和玩電子遊戲時所投入的時間。從星期一到星期五，在課餘的 20 個小時中，她花了 5 個小時做家務、10 個小時做作業、2.5 個小時看電視、2.5 個小時玩電子遊戲。她用餅圖展示了這些數據。

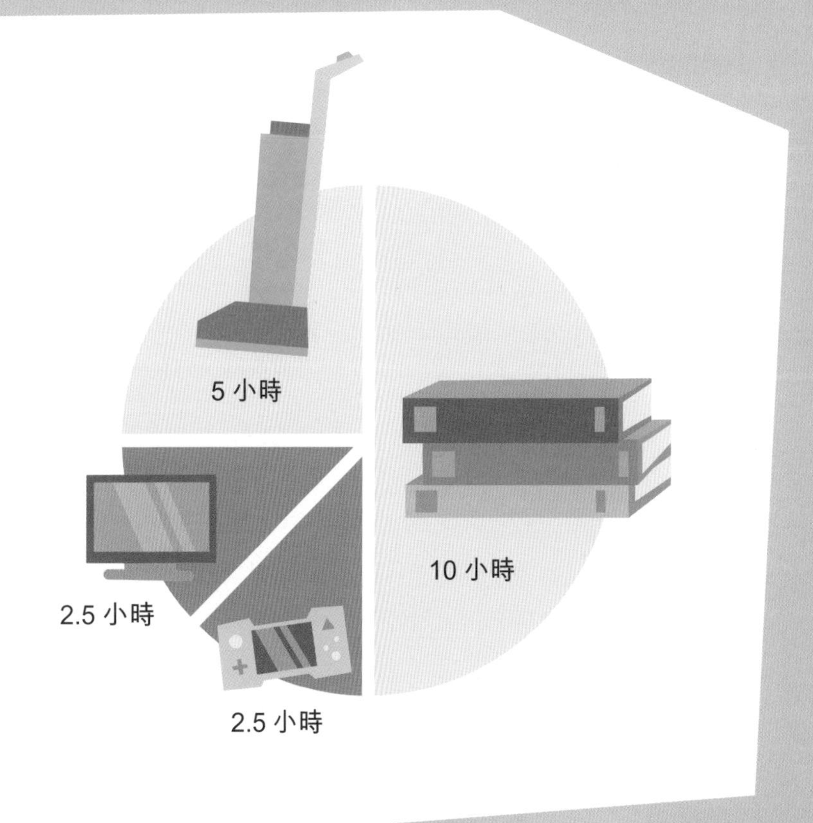

現在，請你也製作一張餅圖，向你的父母展示你過去五天的時間分配情況。

如何計算大數

自古以來，處理非常大或非常小的數字一直是個難題。用僅有的十根手指或十個數碼來做複雜的運算是對腦力的挑戰。為解決這個問題，人們發明了一系列計算工具，從簡單的算盤到高度複雜、可以存儲指令並自動運算的機器，現今稱為「電腦」。

算盤

最早於古蘇美爾（現今伊拉克南部）使用的算盤，與我們現在的兒童玩具算盤完全不同。它們是用黏土製成的板子，有五列，每列代表不斷增加的數位。將黏土符記放置在適當的列上，代表要加上或減去的數字。

這些列分別為 1 位、10 位、60 位、600 位和 3600 位。

7200 + 600 + 180 + 40 + 8 = 8028

約公元前2700年　約公元前200年　約公元前100年

圓盤讓星盤用者進行計算。

航海輔助

星盤是一種儀器，讓航海家和天文學家可以利用恒星和太陽在天空的位置進行計算，例如計算他們的緯度。後來，伊斯蘭發明家進一步改良星盤，增加了新的表盤和圓盤，使星盤能夠進行更多更準確的計算。

齒輪計算機

1901 年，在希臘安迪基西拉島附近海底的一艘有 2,000 年歷史的沉船中，人們發現了一個青銅齒輪裝置。這個安迪基西拉機械能夠進行一系列複雜的計算，以預測對於既定的日期，行星和恒星在天空中的位置。它被認為是最早的電腦。

被發現時，這個裝置已經在海底超過 2,000 年，嚴重受損而且易碎。

納皮爾籌

蘇格蘭學者約翰・納皮爾(John Napier)設計了一個計算系統，可以做有難度的乘法和除法運算。這個系統由一組小棒(最初是用獸骨製作)組成，每根小棒上都刻有數字，它們在一起組成一個「網格」系統。計算時按一定規律操作小棒可以得到結果。

每根小棒都有四個面，可由用者轉動。

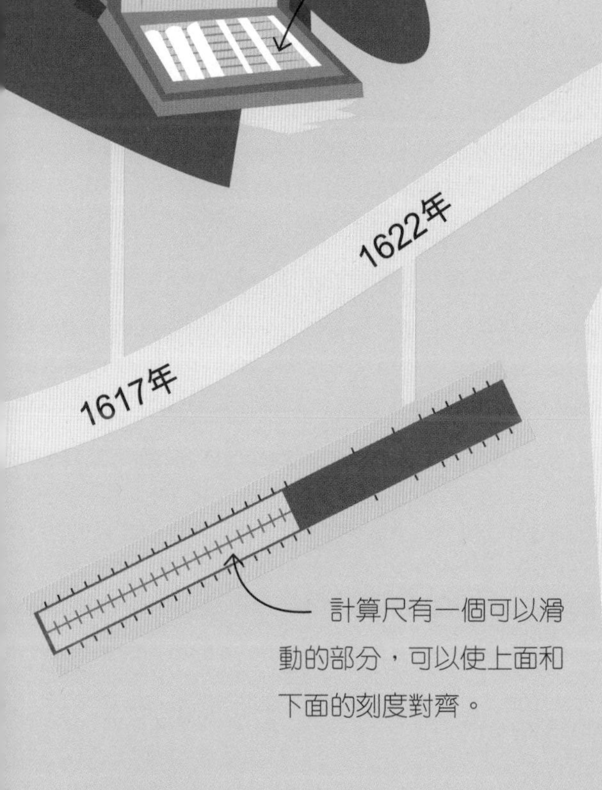

計算尺有一個可以滑動的部分，可以使上面和下面的刻度對齊。

計算尺

英國數學家威廉・奧特雷德(William Oughtred)發明了第一把計算尺，它是一種袖珍型工具，可以在幾秒鐘內完成煩瑣的計算。直到 350 年後，它才被便攜式電子計算器取代。

轉動下面的撥盤時，這些窗口中就會出現數字。如果計算結果使一個撥盤上的數字超過 9，則左側窗口上的數字將加 1。

收稅計算器

為了幫助擔任稅吏的父親計算總額，18 歲的法國人布萊瑟・帕斯卡(Blaise Pascal)製作了第一台計算器。帕斯卡的機械計算器由一系列齒輪撥盤製成，雖然只能做加法運算並且並不總能提供準確答案，但它是當時最具創意的計算器。帕斯卡後來成為法國最傑出的數學家。

1642年

1837年

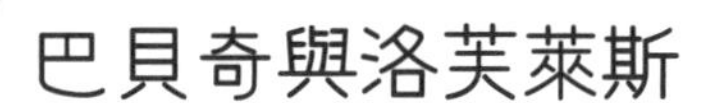

巴貝奇與洛芙萊斯

英國數學家查爾斯・巴貝奇(Charles Babbage)設計了一種「分析機」，如果建造完成的話，它將是世界上第一台巨大的、由蒸汽驅動的機械計算機。有遠見的數學家阿達・洛芙萊斯(Ada Lovelace)編寫了一系列指令來給這台機器進行編程。如今，洛芙萊斯被公認為世界上第一位電腦程序員。

圖靈與甜點解碼機

在第二次世界大戰期間，英國數學家艾倫・圖靈協助盟軍破解了德軍的密碼。他幫助製造了名為「圖靈甜點」的電動機器，用來破譯密碼。圖靈的許多想法對電腦的發展產生了巨大的影響。

1939年~1945年

袖珍計算器

笨重的枱式電子計算器於 20 世紀 50 年代後期問世。但很快，隨着微型晶片技術的發展，使得縮小電子計算器的尺寸成為了可能，推動了以電池為動力的便攜式計算器的問世。

作為一種手持儀器，這種便利的袖珍計算器可以執行複雜的算術運算並即刻得到結果，因此它很快成了熱門產品。

1970年

電子計算機

美國陸軍早期使用的電子計算機—ENIAC 體積龐大，足以佔據整整一間房。它是第一台公共領域的全電子可編程計算機。1949 年，由英國劍橋大學的一個團隊建造的 EDSAC 是第一台附有存儲程式、可供非專家使用的「真正」實用計算機。它的問世使人們向現代電腦邁進了一步。

1946年

1958年

微型晶片

兩名美國電子專家傑克・基爾比（Jack Kilby）和羅伯特・諾伊斯（Robert Noyce）想到了製造「微型晶片」，也就是一種將大量電子元件組合在一小片矽「晶片」上的「集成電路」。微型晶片有助於縮小電腦的尺寸、減低成本，同時也能提高它的運算能力。正是因為有了微型晶片，家用電腦才得以在 20 世紀 70 年代問世。

互聯網時代

隨着互聯網的誕生，用戶需要從網絡上獲取所需要的信息。美國學生阿倫・伊姆塔格（Alan Emtage）開發了第一個互聯網搜索引擎「阿奇」。如今，有超過 20 億個在線網站和多個搜索引擎，每個網站都有各自的數學公式來管理搜索方式。

超級電腦

功能非常強大的電腦稱為超級電腦。D-Wave 超級電腦具有與 5 億台枱式電腦差不多的運算能力。超級電腦用於處理如天氣預報和破譯密碼之類的複雜工作。雲計算是另外一種超級計算能力。其原理是將許多通過網絡相互連接的電腦系統地組合在一起，集中資源以解決任何一台電腦都無法單獨解決的問題。

1990年

1996年

現在

你知道嗎？

人類計算者

英文單詞“computer”（計算機，計算者）一詞原指用筆和紙解決數學問題的人。這些人通常是女性，他們的工作對美國太空總署早期的太空飛行至關重要。

國際象棋冠軍

電腦已經變得越來越聰明了。反映這個趨勢的一件具里程碑意義的事件，是人類與電腦的一場國際象棋比賽。電腦技術巨頭國際商業機器公司（IBM）生產的一台名為「深藍」的電腦在與俄羅斯國際象棋冠軍加里・卡斯帕羅夫（Garry Kasparov）進行的比賽中獲得勝利！「深藍」能夠推理並預測棋步，它每秒可估算 1 億潛在的步法。

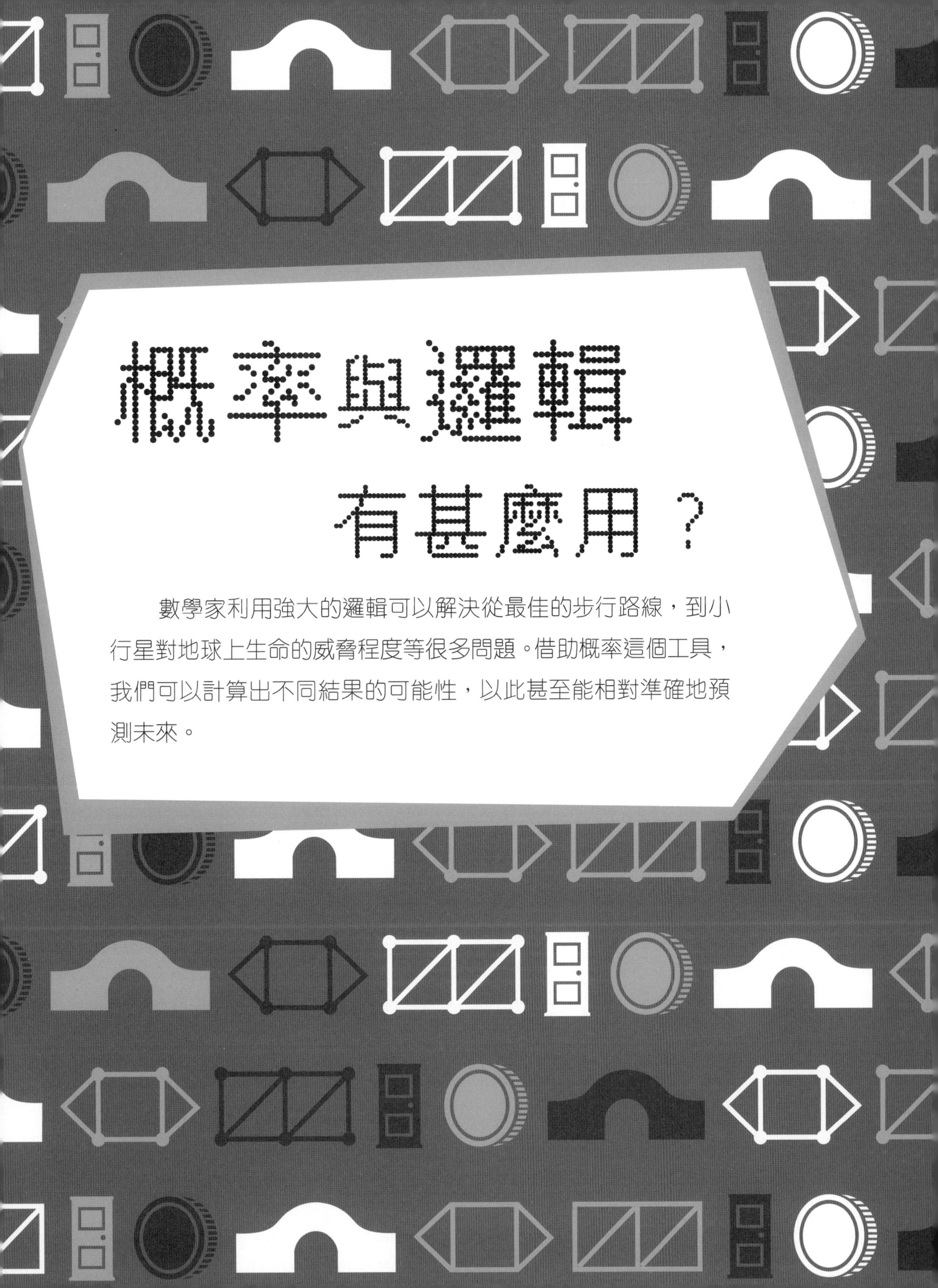

概率與邏輯有甚麼用？

數學家利用強大的邏輯可以解決從最佳的步行路線，到小行星對地球上生命的威脅程度等很多問題。借助概率這個工具，我們可以計算出不同結果的可能性，以此甚至能相對準確地預測未來。

如何計劃行程

18 世紀，一道特別的難題使柯尼斯堡（Königsberg，現為俄羅斯的加里寧格勒）的居民感到困惑。這個城市有七座橋連接着各個區域，但是沒人能找到一條既能走過城市的每個區域、又恰好走過每座橋一次的路線。瑞士數學家萊昂哈德・歐拉（Leonhard Euler）意識到這個設想是不可能實現的，這是一道無解的難題。

1 普雷格爾河穿過柯尼斯堡。在河中間有兩個大島。這兩個島與河兩岸的四個區域之間由七座橋連接。

2 當地人就一個問題爭論不休：是否有可能步行走過每一座橋，並且只走過每個區域一次？沒有人能找到這條路線，也沒有人能解釋原因。

3 當數學家萊昂哈德・歐拉聽說了這個問題後，他認為數學能夠給出解釋。歐拉簡化了這個城市的地圖，將它繪製成一幅簡單、和原來的地圖結構相同的圖。他證明了走過每座橋並且只走過每個區域一次的路線並不存在。

網絡

當歐拉思考這個問題時，很快發現這條路線根本不可能存在。無論你從哪裏開始，都不得不走過某座橋兩次。歐拉意識到城市的其他佈局和所走的路線都沒有關係，他只需要考慮城市的四個區域（兩個島和兩個河岸）以及連接它們的七座橋。

歐拉路徑

歐拉簡化並重新繪製了地圖，他用矩形代表每個區域，然後在它們之間添加了線條代表橋。歐拉注意到，這四個區域分別連接的橋的數量都是奇數。

歐拉突然意識到，如果這個難題有答案，那麼一個人走過一座橋到達某個區域後，他就必須從另一座橋離開，所以這個區域所連接的橋的數量必須是偶數。也就是說，起點和終點這兩個區域所連接的橋的數量可以是奇數，因為它們是路徑的端點。而其他每個區域所連接的橋的數量則必須是偶數。

歐拉用數學證明，走過柯尼斯堡的每個區域並且只走過每座橋一次是不可能的。解決這個問題的唯一方法是加上（或減去）一座橋，使連接兩個區域的橋的數量變成偶數，這樣就有可能走過每個區域並且只走過每座橋一次。後來，人們將這樣的路徑稱為「歐拉路徑」。

例如，從這裏開始你的行程……

……你會發現這條路不可能讓你走過所有的橋。

不可能，因為……

每個矩形代表一個區域。

每條線代表一座橋。

3

5

3

3

每個區域標有一個數字，代表連接該區域的橋的數量。

歐拉的圖顯示，每個區域所連接的橋的數量都是奇數。

有可能，如果……

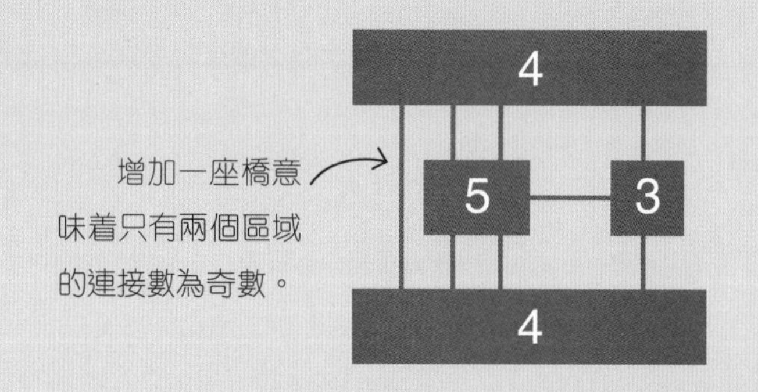

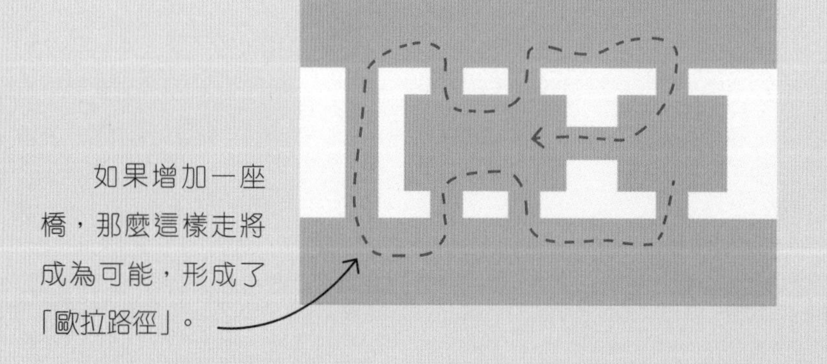

試試看

如何找到最佳路線

一位送貨員正在尋找小鎮裏最佳的送貨路線。她需要走遍所有街道，以便探訪每座房子。她可以在不必重複走任何一條街道下做到這一點嗎？

這個小鎮有四條環形道。

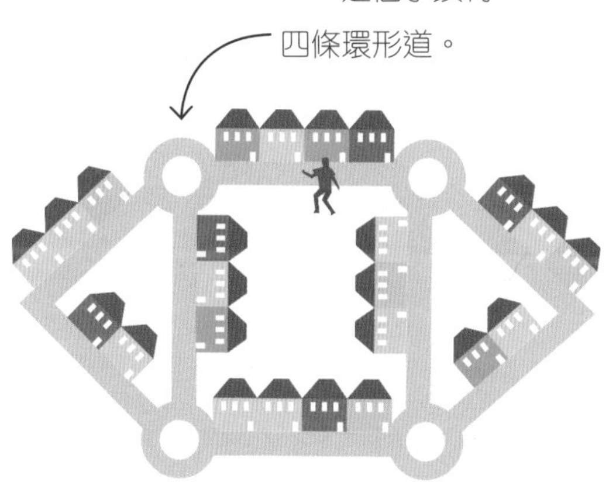

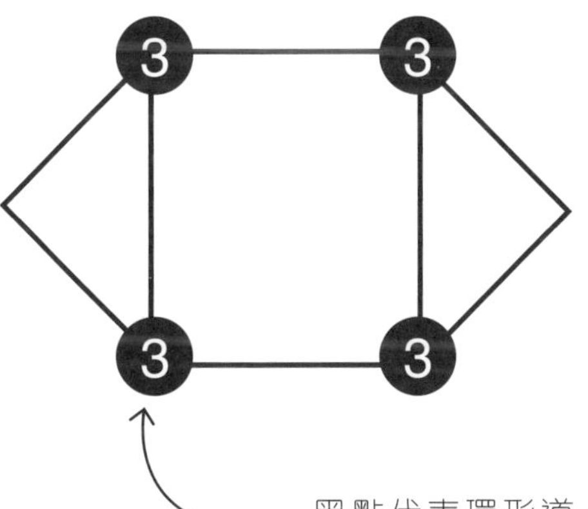

黑點代表環形道，每個黑點上的數字是連接它的街道數量。

真實世界

萬維網

萬維網可以被視為一個「圖」，就像被歐拉簡化的柯尼斯堡地圖一樣。在萬維網中，一個網頁相當於一個陸地區域，超連結相當於橋。但是，萬維網比歐拉的簡化地圖複雜得多，它有數十億個網頁和超連結，而且這個數量一直在增長！

每條環形道都與三條街道相連。由於有兩條以上的環形道連接奇數條街道，因此送貨員不可能在不重複走同一條街道的情況下走遍整個小鎮。

在你住的城鎮裏（或你的朋友家）選擇四個地方，並找到在它們之間行走的最佳路線。這條路線應該經過每個地方一次，而不能有重複走過的部分。

謎題

以下哪個圖是成功的歐拉路徑？看看你可以找出其中哪些，並用筆在每條線上畫一次，期間不能將筆離開紙面。

a)

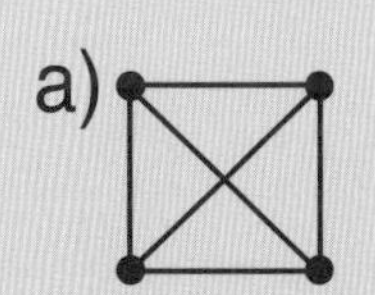

b)

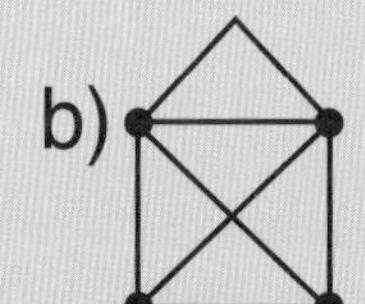

c)

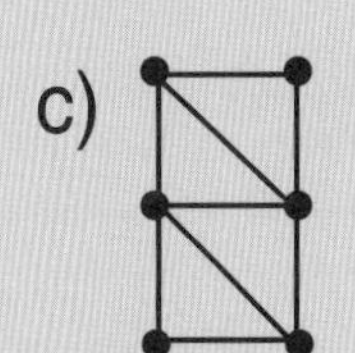

d)

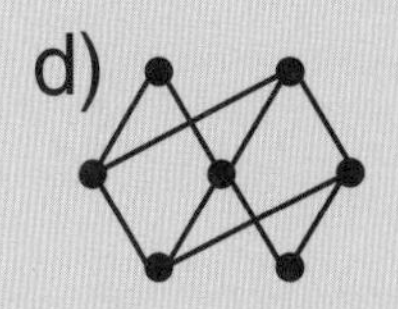

如何在 電視遊戲節目中獲勝

許多電視遊戲節目都是基於運氣來獲勝，但是有甚麼辦法可以增加獲勝的機會呢？對於在 20 世紀 70 年代一個著名的遊戲節目中的參賽者來說，答案看起來似乎並不合邏輯，甚至令一些數學家感到困惑。其實，增加獲勝機會的關鍵在於了解概率，也就是發生某件事情的可能性。

2 只有一扇門的後面有大獎——一輛嶄新的跑車，而另外兩扇門後面分別有一隻山羊。雖然贏得山羊也不錯，但是先假設你想贏得跑車。

3 你該作出選擇了。音樂響起，燈光變暗，觀眾們忽然安靜下來，聚光燈照在你身上。你不能再猶豫了，主持人需要一個答案。於是，你選擇了藍色門。

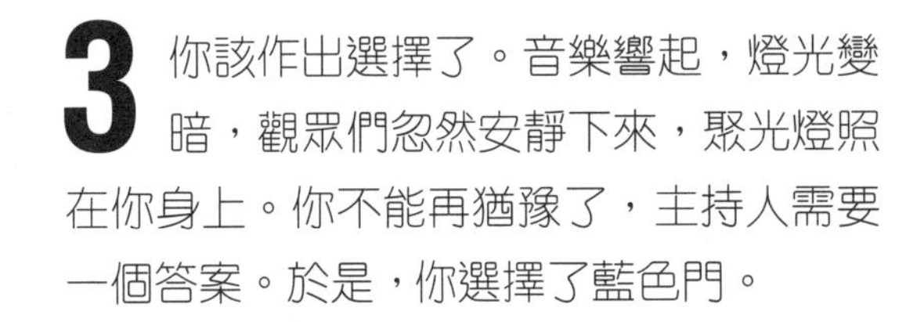

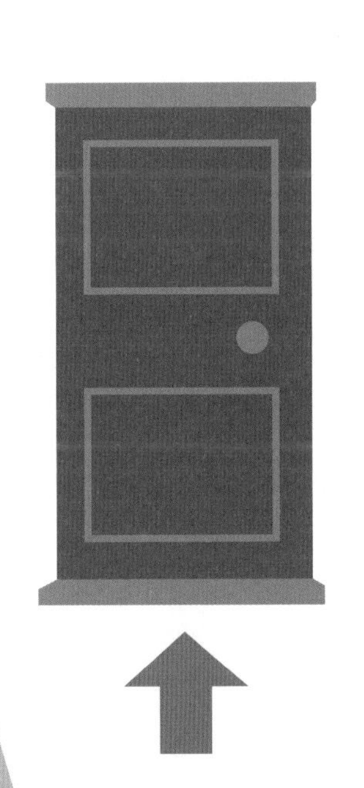

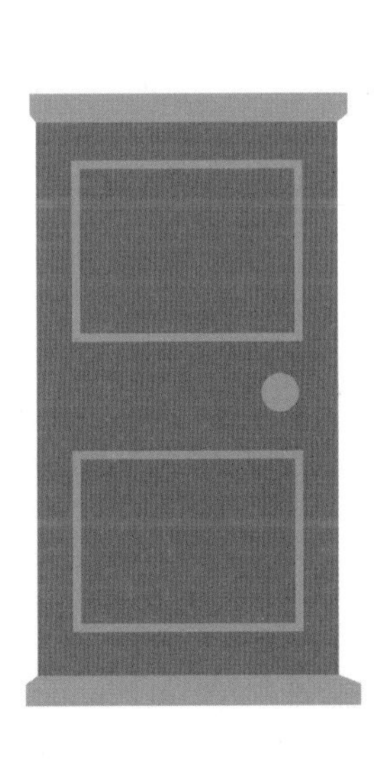

4 在打開藍色門之前，主持人會暴露一隻山羊的位置，來給你一點兒提示。她打開了綠色門，一隻山羊走了出來。之後主持人問你，是堅持原來的選擇，還是更換一個？換句話說，你是否想將自己所選擇的藍色門換成粉紅色門？你會怎辦？

蒙提霍爾問題

是堅持原來的選擇，還是換一個，這個腦筋急轉彎被稱為「蒙提霍爾問題。它以美國遊戲節目《讓我們做一個交易》的主持人的名字命名。遊戲開始時，你有 $\frac{1}{3}$ 的機會贏得跑車。

當主持人告訴你綠色門後面有一隻山羊時，你可能會認為，無論是堅持還是改變主意都沒有關係，因為現在還有 $\frac{1}{2}$ 的獲勝機會。但是，原始賠率並沒有改變：跑車仍然有 $\frac{1}{3}$ 的機會在你原來選擇的門後面，而有 $\frac{2}{3}$ 的機會在其他兩扇門後面。不過現在你得到了更多信息。

你知道嗎？

「大洗牌」

當你洗好一副紙牌時，很可能沒有任何人曾經洗的牌與你洗好的牌的排序完全一樣。一副紙牌有 80,658,175,170,943,878,571,660,636,856,403,766,975,289,505,440,883,277,824,000,000,000,000 種可能的排序，因此兩次洗好的牌排序相同的可能性非常小。

堅持還是改變？

現在你知道跑車在綠色門後面的可能性為零。因此，跑車「集中」了 $\frac{2}{3}$ 的機會在粉紅色門後面。為了有更大的機會贏得跑車，你應該改變選擇。改變選擇後，你不一定會贏，但是贏的概率是輸的概率的兩倍。

現在，跑車有 $\frac{2}{3}$ 的機會在粉紅色門後面。

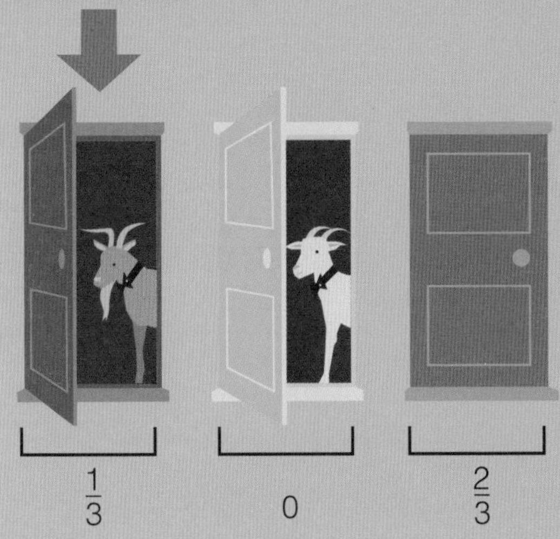

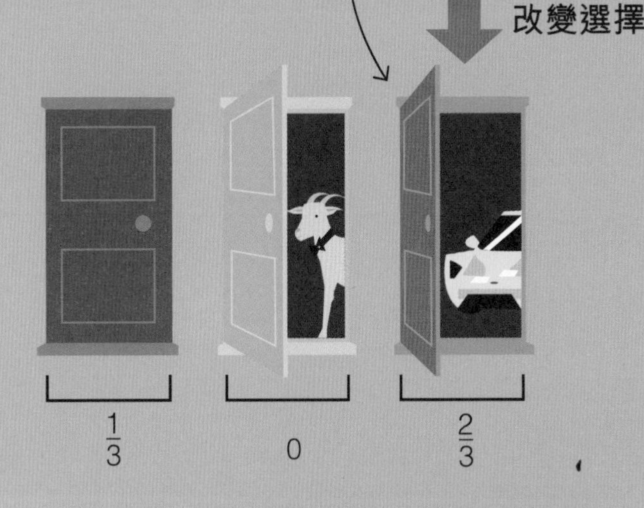

試試看

如何計算概率

你的朋友拋擲了兩枚公平硬幣（公平硬幣是指出現正面和反面的概率相等的硬幣）。他沒有告訴你全部結果，不過他告訴你至少其中一枚硬幣出現了正面。

另一枚硬幣也出現正面的概率是多少？

答案並不是 $\frac{1}{2}$！想明白這一點，我們需要寫出兩枚硬幣四種可能出現的結果：

正—正
正—反
反—正
反—反

根據我們得到的信息，我們可以排除「反—反」，因為我們已經知道其中一枚硬幣出現了正面。於是只有三種可能性：正—正、正—反、反—正。在這三種結果中，只有「正—正」是一枚出現正面，而另一枚也是正面。因此，另一枚硬幣也出現正面的概率實際上只有 $\frac{1}{3}$。

現在嘗試擲兩枚公平的六面骰子。其中一枚骰子出現 6。另一枚骰子也出現 6 的概率是多少？

真實世界

小行星撞擊

每當小行星距離地球過近時，科學家就會估算它與地球碰撞的概率。幸運的是，這種概率通常都非常低！

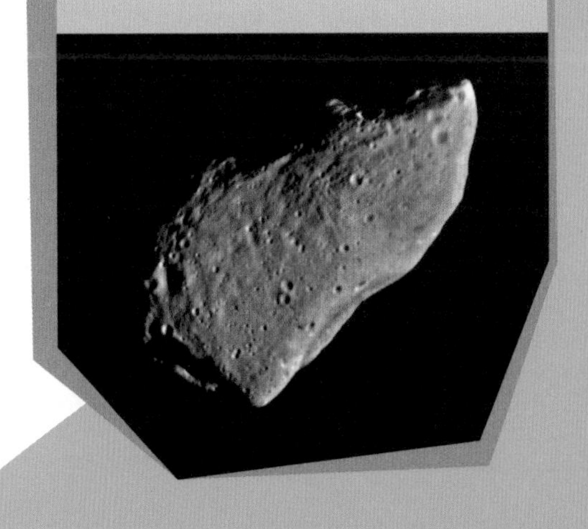

如何逃出監獄

警察以涉嫌搶劫銀行的罪名逮捕了兩名男子。警察雖然有證據證明他們非法闖進了銀行，但是並沒有足夠證據給任何一名男子定罪。被分別關押的兩名嫌疑犯將面臨警察的盤問，他們要決定怎樣應對。他們中的任何一個人都可以告發對方搶劫，好讓自己獲釋；或者都保持沉默，換取非法闖進銀行的輕判。兩名嫌疑犯應該指證同夥，還是保持沉默？

3 如果每名嫌疑犯都指證對方搶劫，則他們都將被判處有期徒刑 10 年。

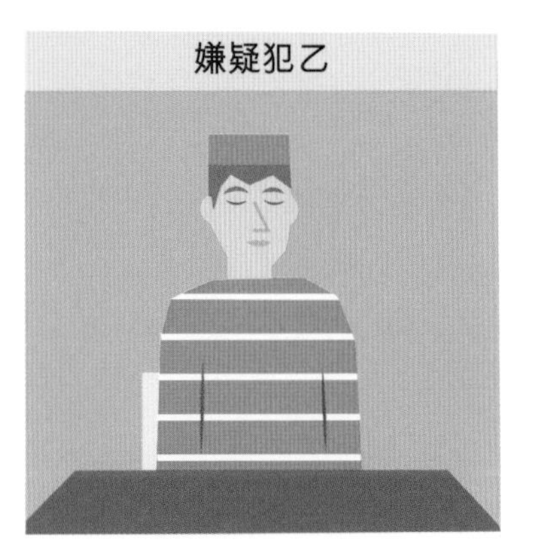

4 如果嫌疑犯乙保持沉默，但是嫌疑犯甲指證他搶劫，那麼嫌疑犯乙將被判處有期徒刑 10 年，而嫌疑犯甲將因為協助警察而獲釋；反過來如果嫌疑犯乙指證嫌疑犯甲搶劫，而嫌疑犯甲保持沉默，則結果相反。

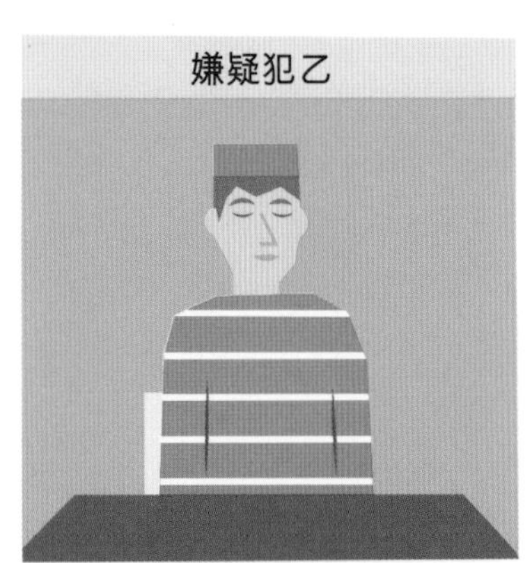

5 如果他們都保持沉默，則將各自被指控非法闖進銀行，並被判處有期徒刑 2 年。

支付矩陣

假設你是嫌疑犯甲。你不知道嫌疑犯乙將會做甚麼，你怎麼做才能為自己爭取最短的刑期呢？支付矩陣可以權衡所有可能的策略，幫助你為自己爭取最好的結果。

如果你倆互相指證，兩人都會因搶劫銀行而被定罪。每個人都將面臨 10 年有期徒刑，這是最糟糕的結果。

如果你保持沉默，但是嫌疑犯乙指證你，那麼他將獲釋，而你則獲判刑 10 年！

		嫌疑犯甲	
		指證	保持沉默
嫌疑犯乙	指證	兩名嫌疑犯都因搶劫銀行而被判處有期徒刑 10 年。	嫌疑犯甲因搶劫銀行而被判處有期徒刑 10 年。 嫌疑犯乙獲釋。
	保持沉默	嫌疑犯甲獲釋。 嫌疑犯乙因搶劫銀行而被判處有期徒刑 10 年。	兩名嫌疑犯都因非法闖進銀行而被判處有期徒刑 2 年。

如果你倆都保持沉默，那麼你倆都不會因為搶劫而被定罪。獲刑 2 年對你倆來說是最好的結果。

如果你指證嫌疑犯乙，那麼你有可能獲釋，而嫌疑犯乙則獲判刑 10 年。但這是一場賭博：如果他也指證你，那麼你倆都會被判處有期徒刑 10 年。

博弈論

這個腦筋急轉彎被稱為「囚徒困境」，它是博弈論的一個示例。博弈論是數學家想像的博弈遊戲，當中有贏家也有輸家。在博弈論中，各人需權衡各種策略來使自己獲得最佳結果。政府、企業和其他組織也經常使用博弈論，預測人們在現實生活中的決策方式。例如，一家公司在決定如何為產品定價時，可能會使用博弈論。

試試看

檸檬汽水攤的競爭

有一天，在學校大門外，兩位檸檬汽水攤的攤主展開了競爭。兩位攤主都將一杯檸檬汽水的價格定為 1 元。一共有 40 位顧客，由兩個攤位接待。20 位顧客傾向攤位 A，而另外 20 位顧客傾向攤位 B。

如果一位攤主將價格降低到 0.75 元，他將會吸引競爭對手的所有顧客，但是每杯檸檬汽水的利潤將減少。如果兩位攤主都降低價格，每位攤主將繼續接待 50% 的顧客，並仍出售相同數量的檸檬汽水，但是賺的錢都會減少。

你能為這個問題設計一個支付矩陣，令每個攤主都賺到最多錢嗎？

檸檬汽水攤A

檸檬汽水攤B

真實世界

吸血蝙蝠

雌性的吸血蝙蝠為了共同的利益而合作。盡管這意味着牠們中的每一隻將少吸食些血液，但每晚吸過血的吸血蝙蝠都會贈送一些血液給其他找不到獵物的蝙蝠。牠們之所以如此慷慨，是因為當自己找不到晚餐時，也會得到其他蝙蝠回贈的血液。如果吸血蝙蝠連續錯過兩頓晚餐，將會死亡，而這種合作精神便確保了這個物種的存活。

如何創造歷史

從使用計算器到知道時間，再到使用導航和互聯網，數學和數學發明成了我們日常生活中的重要組成部分。因此，我們要感謝大量歷代的數學家。在以下的時間軸上出現的人只是一部分利用數學概念使人類知識進步的數學家。除了數學外，他們在建築學、物理學、導航和太空探索等領域也作出了巨大的貢獻。

希帕蒂亞（Hypatia）

古羅馬女數學家。當時的學者從世界各地趕到埃及的亞歷山大，目的是向希帕蒂亞學習。希帕蒂亞重新編寫了古代的數學課本，以使它們更容易理解。

約350年~約415年

劉徽

劉徽是中國古代著名的數學家之一。他提出了負數的運算規則。他的研究推進了建築和製圖領域的發展。

公元3世紀

穆罕默德・阿爾・花拉子米（Muhammad Al-Khwarizmi）

阿爾・花拉子米被稱為「代數之父」，他於巴格達（現伊拉克首都）生活和工作。他寫的《代數學》（Al-jabr w' al-muqabala）是最早有關代數的書籍之一。他還促進了印度 - 阿拉伯數字的廣泛使用。

780年~850年

斐波納奇（Fibonacci）

意大利數學家斐波納奇從北非將數字 0 的概念引入歐洲。但他為人認識是因為他提出的一個數列，其中每個數字都是它前面的兩個數字的和。這個數列現在被稱為「斐波納奇數列」。

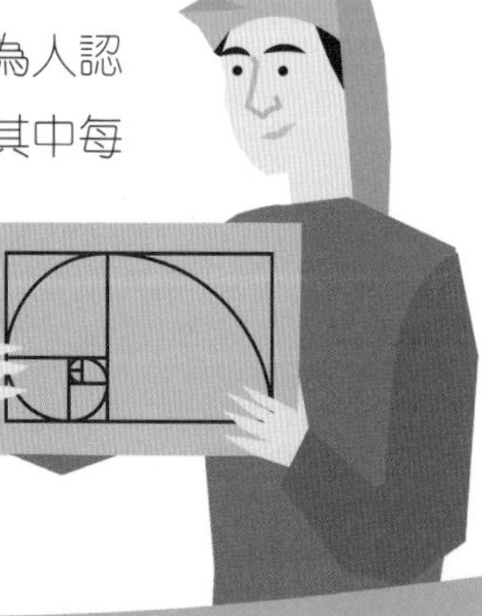

1170年~1240年

畢達哥拉斯 (Pythagoras)

活於古希臘的畢達哥拉斯被稱為「第一位數學家」。他相信一切都可以用數學來解釋。作為一位純熟的豎琴演奏家，他用數學解釋了類似豎琴的弦樂器的運作原理。

約公元前570年~約公元前495年

歐幾里得 (Euclid)

古希臘數學家歐幾里得定義了與形狀有關的數學規則。形狀的研究領域後來被稱為幾何學。歐幾里得也因此被稱為「幾何之父」。

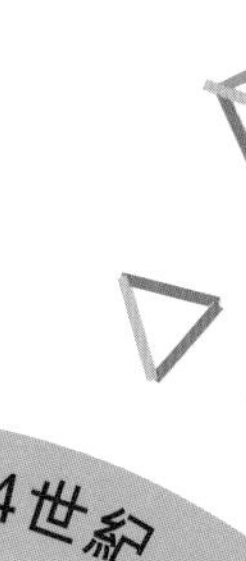

約公元前4世紀

阿基米德 (Archimedes)

古希臘發明家阿基米德運用數學原理設計了一些具創意的機器，例如巨型彈射器。另外，在意識到從浴缸中溢出的水量與身體浸入水中的體積成正比之後，他發現了位移原理。

約公元前288年~約公元前212年

馬德哈瓦 (Madhava of Sangamagrama)

盡管馬德哈瓦的大部分工作成果已在歷史中遺失，但我們知道，他確實是一位極具開創性的數學家，因為其他數學家都引用他的成果。他在印度成立了喀拉拉邦天文及數學學派。

約1340年~約1425年

萊昂納多・達・芬奇 (Leonardo da Vinci)

這位意大利畫家也是一名數學家。達・芬奇運用幾何規則，以極高的精確度來確定他繪畫作品中的透視和比例，而不是只用肉眼來觀察。

1452年~1519年

與

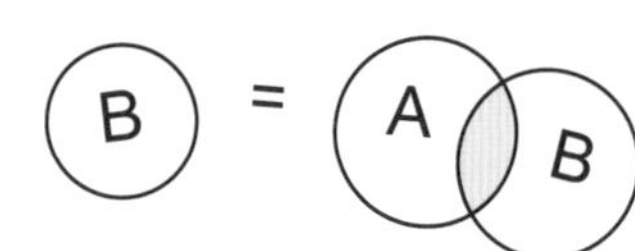

喬治・布爾 (George Boole)

英國數學家喬治・布爾是數理邏輯的奠基人之一。他將數學應用於「邏輯」，目的是將複雜的思維轉化為簡單的方程式，這是邁向人工智能的第一步。

1815年~1864年

詹姆斯・克拉克・麥克斯韋 (James Clerk Maxwell)

來自蘇格蘭的詹姆斯・克拉克・麥克斯韋用數學方法來研究和解釋科學問題。他發現了電磁波，使後來無線電、電視和移動電話的發明成為可能。

1831年~1879年

阿達・洛芙萊斯 (Ada Lovelace)

出生於英國的阿達・洛芙萊斯是世界上第一位電腦程式員。她在查爾斯・巴貝奇（Charles Babbage）的「分析機」上「翻譯」了一篇論文。她在加入自己的見解後，描述了這台機器的遠大前景。

1815年~1852年

索菲・熱爾曼 (Sophie Germain)

作為女性，在法國出生的索菲・熱爾曼被禁止上大學，但是她使用假名與數學家進行交流。她提出了對「費馬大定理」這個難題的部分證明。這個難題的名字取自法國人皮埃爾・德・費馬，他在 1665 年去世之前就自稱已經解決了這個難題，但卻沒有解釋自己是如何做到的。

1776年~1831年

皮埃爾・德・費馬 (Pierre de Fermat)

法國律師皮埃爾・德・費馬利用業餘時間研究數學。他與布萊瑟・帕斯卡一起提出了概率論，並找到了求曲線最高點和最低點的方法。艾薩克・牛頓後來運用這個方法發明了微積分（對持續轉變的研究）。

布萊瑟・帕斯卡 (Blaise Pascal)

法國人布萊瑟・帕斯卡除了與皮埃爾・德・費馬一起研究概率論外，還開創了射影幾何學（直線和點的研究）的領域。他還發明了世界上第一台計算器，用來幫助他的稅吏父親。

1623年~1662年

哥德弗雷・哈羅德・哈代 (G. H. Hardy)

英國數學家哥德弗雷・哈羅德・哈代提倡為了獲得樂趣而學習數學，而不是將數學視為應用於科學、工程和商業等領域的方法。他的成果對基因研究起了重要作用。

艾米・諾特 (Emmy Noether)

出生於德國的艾米・諾特的研究成果成了現代物理學的基礎。她使用數學方法修訂了德國物理學家阿爾伯特・愛因斯坦 (Albert Einstein) 的研究，幫助解決了他的一些理論問題。她的工作使一個新的數學領域——抽象代數得以出現。

1882年~1935年

1877年~1947年

瑪麗亞・加埃塔納・阿格尼西 (Maria Gaetana Agnesi)

出生於意大利的瑪麗亞・阿格尼西是第一位被博洛尼亞大學任命的女性數學教授。她還編寫了一本很受歡迎的數學教科書。

艾米麗・沙特萊 (Émile du Châtelet)

艾米麗・沙特萊利用家族在法國較高的社會地位來學習數學，並自己花錢編寫教科書。除了自己編寫教科書外，她還將艾薩克・牛頓的著作翻譯成法文，並在其中添加了自己的心得。

1718年~1799年

1706年~1749年

艾薩克・牛頓 (Isaac Newton)

英國數學家艾薩克・牛頓創建了微積分這種新種類數學，使解決困難的數學問題成為可能。他運用數學方法研究了行星的運動規律和音速。他因運用數學方法來解釋重力而聞名於世。

戈特弗里德・萊布尼茨 (Gottfried Leibniz)

來自德國的戈特弗里德・萊布尼茨是第一位發表微積分理論的人。盡管微積分的發明被歸功於艾薩克・牛頓，但是如今數學家用的都是萊布尼茨發明的微積分符號（一種代表數學的方法。萊布尼茨還發展了二進制系統（1與0的序列），這個系統後來成了構建現代電腦的基礎。

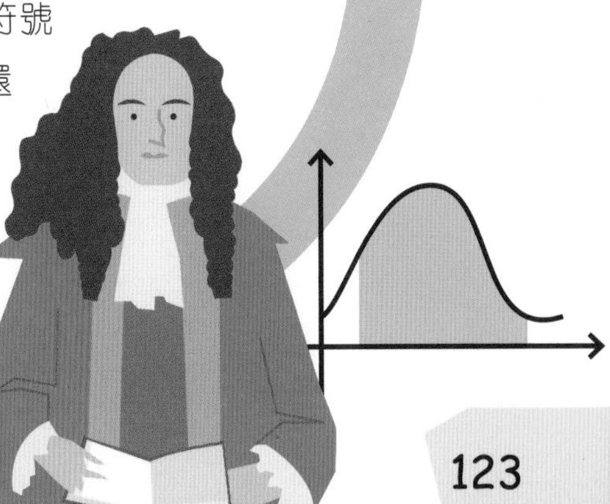

1642年~1727年

1646年~1716年

斯里尼瓦瑟·拉馬努金
(Srinivasa Ramanujan)

這位自學成才的印度天才兒童，向當時的數學家寫了多封滿載非凡理論的信。英國數學家 G. H. 哈代從中看出拉馬努金的才華，遂邀請他到英國劍橋大學與他一起研究。在哈代的指導下，拉馬努金解開了大量複雜的數學問題。他的工作也有助於提高電腦運算的速度（逐步求解過程）。

1887年~1920年

約翰·馮·諾依曼
(John von Neumann)

出生於匈牙利的約翰·馮·諾依曼發明了「博弈論」，這是一種運用數學方法在遊戲或其他情況下找到最佳策略的方法。他是美國推動原子彈開發的關鍵人物。他還倡導在數學研究中使用電腦，他的研究有助改進電腦編程。

1903年~1957年

凱瑟琳·約翰遜
(Katherine Johnson)

凱瑟琳·約翰遜在美國太空總署工作，她主要負責運算將太空人送上月球所需要的數據。她後來與其他人共同發表了關於如何把太空人安全帶返地球的研究。

本華·曼德博
(Benoit Mandelbrot)

出生於波蘭的本華·曼德博創立了分形幾何，他用數學語言解釋了自然界中的非對稱性（例如雲和海岸線）。他的分形幾何學背後的數學公式顯示出無序中的有序。

1924年~2010年

安德魯·約翰·威爾斯
(Andrew John Wiles)

英國數學家安德魯·約翰·威爾斯從小就對費馬大定理着迷。他經過 7 年不眠不休的努力，終於解決了這個困擾了數學界長達 358 年的難題。

格雷斯・霍珀（Grace Hopper）

格雷斯・霍珀在加入美國海軍並晉升為海軍少將之前曾擔任大學講師。她設計了方便使用的編程語言“COBOL”，並以此開拓計算機科學的領域，使非數學家也能方便地使用電腦。

1906年~1992年

艾倫・圖靈（Alan Turing）

英國數學家艾倫・圖靈提出了一種理論上的「計算機」，即圖靈機，並指出所有數學如果轉變為算法，都可以得到解決。第二次世界大戰期間，圖靈致力於密碼研究，以破解德軍的秘密信息。

1912年~1954年

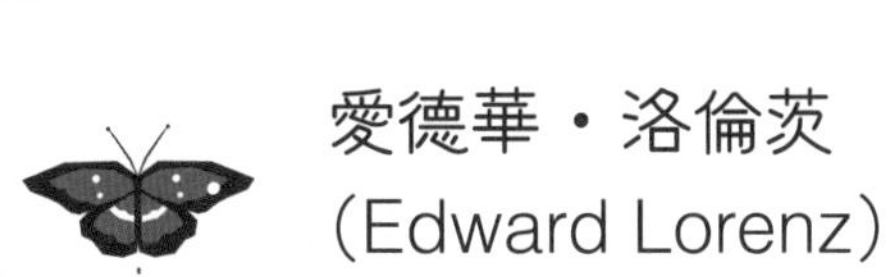

愛德華・洛倫茨（Edward Lorenz）

美國數學家愛德華・洛倫茲提出了一個問題：「一隻蝴蝶在巴西輕拍翅膀，會否導致得克薩斯州發生龍捲風？」他認為無序或混亂的事件在開始時是可預測的，但是離起點越遠，表現出的隨機性就越強。

1917年~2008年

保羅・埃爾德什（Paul Erdös）

古怪的匈牙利數學家保羅・埃爾德什將一生都塞進了手提箱。他周遊世界 50 年，在此期間，一直與其他數學家探討數學難題。他一生中發表了許多不同主題的數學論文。他對質數特別感興趣。

1913年~1996年

瑪麗安・米爾札哈尼（Maryam Mirzakhani）

出生於伊朗的瑪麗安・米爾札哈尼曾被老師說她不擅長數學，但她證明了老師的想法是錯的。2014 年，她由於對數學界的貢獻，成為第一位獲得菲爾茲獎的女性。她的研究涉及曲面數學。

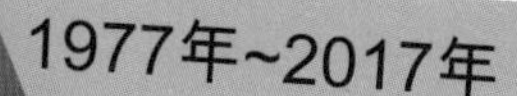

岩尾遙

在 2019 年的國際圓周率日，谷歌的日本僱員岩尾遙計算出圓周率的值達到了小數點後 31 萬億位數字，創造了新的世界紀錄。這一成果是在 121 天的時間內使用谷歌雲平台虛擬連接的 25 台電腦得到的，整個計算過程運用了大約 170 TB（太字節）的數據。

1986年~

詞匯表

代數 algebra

在計算時，用字母或其他符號來代表未知數。

角度 angle

從一個方向到另一個方向的轉動量，也可以將它視為相交的兩條線之間的方向差異。角度通常用度 (°) 來衡量。

等差數列 arithmetic sequence

一個數列中任何相鄰兩項之差為同一個常數，這個數列就稱為等差數列。

平均 average

一組數字的典型或中位值。見平均數、中位數和眾數。

軸 axis

坐標系中作為框架和度量的直線稱為軸。另外，對稱線也稱為對稱軸。

二進制系統 binary system

只有 0 和 1 這兩個數碼的記數系統。電子儀器用二進制形式存儲和處理數據。

密碼 cipher

用字母、數字或符號代替一段文字中的字母，以隱藏文字的含義。

代碼 code

一種字母、數字或符號的系統，用來代替整個詞語以掩蓋其意思。

公差 common difference

等差數列中任意一項與它的前一項的差永遠相等，這一相等的差叫作公差。

公比 common ratio

等比數列中任意一項與它的前一項的比永遠相等，這一相等的比叫作公比。

電腦 computer/ 計算員

用於計算和存儲數據的電子設備。而古時負責計算的人則稱為計算員。

運算 computing

使用電腦進行計算。

坐標 coordinates

能夠確定一個點、一條線或一個形狀在網格的位置，或在地圖上的東西的位置的一組數。

密碼術 cryptography

對信息進行加密或破解的研究。

數據 data

所有收集得來準備分析的資料。

十進位的 decimal

與數字 10 有關的，或與十分之一、百分之一等有關的。小數會有小數點。在點右面的數字是十分位、百分位等。例如：$\frac{1}{4}$ 的小數是 0.25，即是 0 個 1、2 個十分之一及 5 個百分之一。

數字 digit

用於表達數字的符號，例如：0、1、2、3、4、5、6、7、8、9。

等式 equation

表示兩個數或兩個代數式相等的算式，中間用等號相連，例如 2 + 2 = 4。

估算 estimate

近似的計算方法；沒有被精確計算的數。通常是將一個或多個數字向上或向下捨入後再進行計算。

公式 formula

用數學符號或文字表示各個數量之間的關係的式子。

分數 fraction

把一個單位分成若干等份，表示其中的一份或幾份的數。

等比數列 geometric sequence

等比數列是指從第二項起，每一項與它前一項的比值等於同一個常數的一種數列。

幾何學 geometry

研究形狀、大小和空間的學科，是數學的一個分支。

圖表 graph

表示兩種或更多組數字或量度之間的關係的圖表。

無限大 infinity

無限大比任何數字都大，我們永遠不能給出確切的值。

緯度 latitude

地球表面南北距離的度數。赤道的緯度為 0°，北極的緯度為 + 90°，南極的緯度為 -90°。

平均數 mean

將一組數據中的各個數值相加之和，再除以這組數據的個數，得出的結果就是平均數。

中位數 median

一組有序數據中居於中間位置的數就是中位數。

眾數 mode

一組數據中出現次數最多的數值。

平行 parallel

如果兩條直線之間的距離始終相等，則它們是平行關係。

百分比 percentage

一百份中的幾份，用符號 % 表示。

圓周率 pi

任何圓的周長除以它的直徑總是等於相同的值，我們稱這個值為圓周率，用希臘符號 π 表示。

冪 power

位於底數右上角的小數字，表示有多少個底數相乘。

質數 prime number

質數除了 1 和自身外，沒有其他因數。首 10 個質數是 2、3、5、7、11、13、17、19、23 和 29。

概率 probability
反映隨機事件出現的可能性大小。

運算能力 processing power
一部電腦執行一個程序的速度。電腦的運算能力越高，即它可在某特定時間內進行更多運算。

數學證明 proof
可證明理論是正確的數學論據。

比例 proportion
整體的某一部分相對於整體所佔的份額。

比率 ratio
某個數與另一個數相比所得的值。

直角 right angle
兩條直線或兩個平面垂直相交所成的角。直角為 90°。

樣本 sample
從一組事物中取出一部分事物，這部分稱為樣本。我們可以通過樣本來分析與該組事物有關的信息。

數列 sequence
按照某個規則產生的一列數字，例如 2、4、6、8、10。

對稱性 symmetry
如果一個形狀或物體在旋轉、反射或轉化以後與原來的形狀重合，則它具有對稱性。

三維的 three-dimensional
當物體具有長度、寬度和高度時，它就有三個維度，被稱為是三維的。

二維的 two-dimensional
當物體具有長度和寬度時，它就有兩個維度，被稱為是二維的。

整數 whole number
即數字 1、2、3、4、5 等等，以及 0。

答案

第 13 頁
38, 25, 16

第 27 頁
146°C 和 262°F

第 30 頁
32 元

第 35 頁
9 塊

第 63 頁
寶藏埋在 (6,4)。

第 67 頁
數列中的下一項是 142。

第 69 頁
我們知道 a = 12，d= 2，n = 15。
12 + (15-1) × 2 = 40 個座位。

第 72 頁
922 京 3,372 兆 368 億 5,477 萬 5,808。

第 73 頁
1×2(20–1) = 1×219 = 524,288
2×3(15–1) = 2×314 = 9,565,938 枚硬幣

第 75 頁
31×19 = 589

第 79 頁
把字母移後三個位，得出原信息：we are not alone（我們並不孤單）。

第 93 頁
這組身高的中位數為 152 厘米，眾數為 155 厘米。平均數最適用，而眾數最不適用。

第 97 頁
第二個樣本的 50 顆珠子中有 4 顆藍色珠子，比率為 4 50，可以簡化為 1 12.5。將 40（第一個樣本中珠子的總數）乘 12.5，就估算到珠子的總數，也就是 500 顆珠子。

第 111 頁
圖 b 和 c 是可能的。因為都可以從一個奇數連接點出發，到另一個奇數連接點結束。

第 115 頁
如果其中一個是 6 則有 11 種可能的組合：1-6、2-6、3-6、4-6、5-6、6-6、6-5、6-4、6-3、6-2 和 6-1。因此，概率為 1/11。

第 119 頁

		攤位 A	
		價格保持在 1 元	降價至 0.75 元
攤位 B	價格保持在 1 元	兩位攤主各出售 20 杯檸檬汽水，每人得到 20 元，總計 40 元。這是最好的結果。	攤主 A 得到所有顧客，出售 40 杯檸檬汽水，得到 30 元。攤主 B 甚麼也沒得到。
	降價至 0.75 元	攤主 B 得到所有顧客，出售 40 杯檸檬汽水，得到 30 元。攤主 A 甚麼也沒得到。	兩位攤主都出售 20 杯檸檬汽水，每人得到 15 元，兩人總計收入 30 元。

索引

致謝

The publisher would like to thank the following people for their assistance in the preparation of this book:

Niki Foreman for additional writing; Kelsie Besaw for editorial assistance; Gus Scott for additional illustrations; Nimesh Agrawal for picture research; Picture Research Manager Taiyaba Khatoon; Pankaj Sharmer for cutouts and retouches; Helen Peters for indexing; Victoria Pyke for proofreading.

The publisher would like to thank the following for their kind permission to reproduce their photographs:

(Key: a-above; b-below/bottom; c-centre; f-far; l-left; r-right; t-top)

13 **Royal Belgian Institute of Natural Sciences:** (br). 18 **Alamy Stock Photo:** Dudley Wood (crb). 27 **Getty Images:** Walter Bibikow / DigitalVision (br). 31 **Getty Images:** Julian Finney / Getty Images Sport (bc). 45 **Alamy Stock Photo:** Nipiphon Na Chiangmai (ca). 62 **Getty Images:** Katie Deits / Photolibrary (crb). 82 **Alamy Stock Photo:** INTERFOTO (br). 83 **Science Photo Library:** (br). 89 **Alamy Stock Photo:** Directphoto Collection (cb). 93 **Alamy Stock Photo:** Jo Fairey (cb). 96 **123RF.com:** Daniel Lamborn (br). 111 **Dreamstime.com:** Akodisinghe (cra). 115 **NASA:** NASA /JPL (crb). 119 **Avalon:** Stephen Dalton (cb).